长江经济带生态补偿与经济增长耦合关系、运作机理及实现路径研究

官冬杰　等著

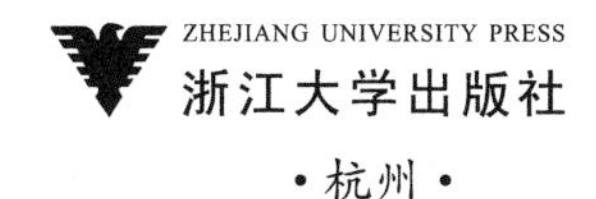

·杭州·

图书在版编目（CIP）数据

长江经济带生态补偿与经济增长耦合关系、运作机理及实现路径研究 / 官冬杰等著. -- 杭州 : 浙江大学出版社，2024. 11. -- ISBN 978-7-308-25278-2

Ⅰ. X321.25；F127.5

中国国家版本馆 CIP 数据核字第 2024XP1335 号

长江经济带生态补偿与经济增长耦合关系、运作机理及实现路径研究

官冬杰　彭国川　周李磊　周健　李子辉　著

责任编辑　顾　翔

责任校对　陈　欣

封面设计　周　灵

出版发行　浙江大学出版社

（杭州市天目山路148号　邮政编码310007）

（网址：http://www.zjupress.com）

排　　版　杭州林智广告有限公司

印　　刷　杭州钱江彩色印务有限公司

开　　本　710mm×1000mm　1/16

印　　张　12.75

字　　数　222千

版 印 次　2024年11月第1版　2024年11月第1次印刷

书　　号　ISBN 978-7-308-25278-2

定　　价　72.00元

审 图 号　GS浙（2024）339号

国家社科基金后期资助项目
出版说明

后期资助项目是国家社科基金设立的一类重要项目，旨在鼓励广大社科研究者潜心治学，支持基础研究多出优秀成果。它是经过严格评审，从接近完成的科研成果中遴选立项的。为扩大后期资助项目的影响，更好地推动学术发展，促进成果转化，全国哲学社会科学工作办公室按照“统一设计、统一标识、统一版式、形成系列”的总体要求，组织出版国家社科基金后期资助项目成果。

全国哲学社会科学工作办公室

推荐序

长江是中华民族的母亲河，是我国重要的生态安全屏障，是中华民族发展的重要支撑。进行长江大保护是我国在生态文明建设、经济发展和新发展格局构建方面的重要举措，要坚持“共抓大保护、不搞大开发”，修复长江生态环境，推动长江流域生态要素的全面保护和系统治理，从而提升长江流域的生态环境质量。为了加强长江流域生态环境保护和修复，促进资源合理高效利用，保障生态安全，实现人与自然和谐共生、中华民族永续发展，我国还制定了第一部流域保护法——《中华人民共和国长江保护法》。今后要坚持“生态优先、绿色发展”，深入推进长江经济带发展战略，鼓励上下游、左右岸、干支流地方人民政府之间开展横向生态保护补偿，有效实现流域、区域生态环境高水平保护和社会经济高质量发展的协调统一。

长江经济带横跨我国东中西三大区域，是中央重点实施“三大战略”的区域之一，也是推动我国经济转型升级、实现区域协调发展的关键区域。依托长江黄金水道，长江经济带是具有全球影响力的内河经济带、东中西互动合作的协调发展带、沿海沿江沿边全面推进的对内对外开放带，也是生态文明建设的先行示范带。作为我国经济发展的重要区域，长江经济带独特的地理、经济和社会特征决定了在推动区域发展的同时，必须高度重视生态环境的保护与修复。目前长江经济带发展与保护之间的平衡问题尤为突出。由于横跨多个省份和直辖市，长江经济带区域间经济发展水平与生态环境状况差异显著。上游地区的生态资源虽然为整个流域乃至全国提供了宝贵的生态服务，但长期的开发利用导致了生态环境的脆弱与退化。实施科学有效的生态补偿机制，鼓励各地区在保护生态环境的前提下，探索绿色发展模式，能有效促进长江经济带经济发展与生态保护的和谐共生，提升整体生态环境质量，为我国生态文明建设和可持续发展提供有力支撑。

在推动长江经济带高质量发展的战略背景下，本书以“大流域大保护”为关注点，构建长江经济带生态系统健康评价指标体系，评估流域尺度下生态系统健康状况，结合生态系统服务价值，科学制定生态补偿分配标准，确保长江经济带不同区域之间利益平衡，促进生态环境保护，推动经济可持续发展；构建带有环境污染约束的内生增长模型，摸清生态补偿对经济增长的影响过程及影响机制，分析长江经济带生态补偿与经济发展动态耦合关系；构建生态补偿“社会-经济-环境”系统动力学模型，解析生态补偿涉及利益关系特征，以及生态补偿运作的胁迫因子，揭示长江经济带生态补偿与经济发展运作机理；基于农户层面，选择典型案例区进行生态补偿意愿问卷调查，找出生态补偿标准与参与生态补偿政策的农户比例和生态系统服务供给之间的曲线，提出长江经济带生态补偿与经济增长实现路径，为长江流域生态补偿机制的完善和经济可持续发展提供理论依据和典型范例。

经济发展与生态保护从古至今便是相互依存、相互影响的关系。“生态补偿”是本书作者平衡经济发展与生态环境保护的主要态度，体现的是一种发展理念和价值追求。本书不仅探讨了长江经济带不同尺度下生态补偿标准的差异，还将生态补偿与经济增长相联系，探究了生态补偿随经济增长发生的动态性变化。通过建立长江经济带生态补偿与经济发展动态耦合关系，本书进行了耦合关系时间序列动态化分析与空间差异化分析，探究了长江经济带生态补偿与经济增长耦合发展的最优实现路径，以实现长江经济带经济社会发展和生态环境保护的协调统一。

生态补偿是国际公认的重要的生态环境保护手段之一，在世界各地得到了广泛实践，也引发了众多学者的关注。虽然各国的生态补偿机制都在不断完善，但补偿标准的界定、量化以及补偿机制的优化，仍是生态补偿研究领域内亟待解决的核心难题。同时，补偿的目标群体与补偿的具体方式呈现出多样性，横向补偿与纵向补偿的实践尚处于摸索之中，亦尚未构建起全面、成熟的评估与补偿框架体系。此外，对于经济增长过程中生态补偿效果的动态演变，当前的方法尚难以精准捕捉并评估其变化轨迹，这既揭示了生态补偿理论深度的不足，也指出了实践操作中亟待完善的方向。

本书深入探讨了生态补偿与经济增长之间的耦合关系，这一难题触及社会公平的核心，是一个高度学术化、以实践为导向的应用生态经济学难题，跨越地理学、管理学、环境科学、生态学、经济学、社会学以及数理科学等多个学科领域。本书作者巧妙地整合了多学科的研究方法，专注于长江经济带这一特定区域的生态补偿与经济增长之间的相互作用机制及其运作机理，为生态补偿标准的科学制定与生态补偿政策的有效实施奠定了坚实的理论基础，提供了有价值的实践指导。这一综合性的探索与尝试，无疑为生态补偿领域的研究开辟了新的视角，并为相关政策的制定与实施提供了宝贵的参考依据。

在此，我满怀热忱地向地理学、环境科学及生态学领域的广大科研工作者与管理者推荐此书。我衷心希望该书能够成为各领域专业人士及政府部门的重要参考，从而有效促进和深化对地理学、环境科学及生态学领域内关于生态环境保护的诸多关键议题的探索与研究，助力实践全面、协调、可持续的科学发展观，加快人与自然和谐共生的科学决策的进程，为构建更加美好的地球家园贡献智慧和力量。

中国科学院院士

赖远明

2024 年 9 月 13 日

前言

人们常常为经济赤字而烦恼，但是威胁经济长远发展的不只有经济赤字，还有生态赤字和环境赤字。经济赤字是人们彼此之间的借贷，而生态赤字和环境赤字则好比是我们对子孙后代的借贷。秉持可持续发展的原则，如何实现在不破坏生态环境的情况下发展经济，生态保护与经济发展同步进行的美好愿望，已然成为生态经济学领域研究的核心内容。生态补偿作为调节生态保护相关者之间利益关系的有力工具，引起了各领域学者的广泛关注。如何表征、量化和确定生态补偿标准，明确生态补偿与经济发展耦合机制，已成为生态补偿研究亟待解决的问题。

本书以“大流域大保护”为关注点，紧扣国家和地方社会经济发展与生态建设的目标，在研究长江经济带脆弱生态环境与强大社会经济相互作用的基础上，从“经济-社会-自然”复合生态系统理论的角度出发，构建一套完整的、相互独立的、能反映长江经济带生态系统健康的评价指标体系，诊断评估流域尺度下长江经济带生态系统健康状况，为长江经济带生态补偿标准量化提供依据；将生态系统服务价值引入生态补偿标准核算中，对长江经济带生态补偿标准进行动态化、差别化估算；在生产函数中引入污染，在效用函数中引入环境质量，构建一个带有环境污染约束的内生增长模型，通过耦合协调度模型，剖析长江经济带生态补偿与经济增长的耦合关系；运用系统动力学方法，解析生态补偿涉及利益关系特征、生态补偿运作的影响因子，揭示长江经济带生态补偿与经济发展运作机理；分析典型案例的生态补偿路径特征，构建生态补偿效应评估体系，探究污染治理力度、生态补偿标准与经济增长之间应满足的动态关系，探求环境保护的最稳定策略和经济发展的最优实现路径。本书将为长江流域生态补偿机制完善和经济可持续发展提供理论依据和典型范例，具有重要的实践指导价值。

1.长江经济带生态系统健康评价指标体系构建

作为给人类提供物质与生存环境的生态系统，其健康与否，直接或间接制约了经济发展和环境保护。本书将从“经济-社会-自然”复合生态系统理论的角度出发，构建一套完整的、相互独立的、能反映长江经济带生态系统健康情况的评价指标体系，采用熵值法赋予指标权重，通过正态云模型计算出各评价指标的健康状况，进而得出流域尺度下长江经济带生态系统健康等级，为长江经济带生态补偿标准的量化提供依据。

2. 长江经济带生态补偿标准差别化模型构建

本书将从“大流域大保护”视角，定量分析长江经济带各区域的自然、社会和经济等差异条件，运用机会成本法和生态系统服务价值法，综合地理要素差异系数，构建长江经济带的生态补偿差别化模型，并将区域数值代入，计算出生态补偿标准，分别从差异系数、流域尺度、城市群尺度、省级尺度等角度进行差异化分析，为科学制定适用于长江经济带各区域的生态补偿标准提供参考。

3. 长江经济带生态补偿与经济增长内生增长模型构建

基于新经济增长理论，本书分部门构建函数，同时将生态补偿纳入内生增长模型，构建生态补偿与经济增长的内生增长模型，求长江经济带生态补偿与经济增长的内生增长模型的最优解，分析生态补偿对经济最优增长路径的影响，明确生态补偿与经济增长间的关系。

4. 长江经济带生态补偿与经济增长动态耦合关系

借鉴物理学中的耦合概念，本书将构建耦合度与耦合协调度模型，借此判断生态补偿与经济发展子系统之间交互耦合度和耦合协调程度，揭示长江经济带生态补偿与经济发展动态耦合关系，并进行耦合关系时间序列动态化分析与空间差异化分析，明确长江经济带在时间和空间尺度上所处的耦合阶段。

5. 长江经济带生态补偿与经济增长运作机理

基于长江经济带经济体量大和环境污染情况复杂等特征，本书将构建长江经济带的生态补偿“社会-经济-环境”系统动力学模型，并对模型进行检验，通过调整参数设定不同情景，模拟不同情景下生态补偿额度的变化，解析生态补偿涉及利益关系特征，揭示长江经济带生态补偿与经济发展运作机理。

6. 长江经济带生态补偿与经济增长实现路径

基于对长江经济带生态补偿与经济发展耦合关系和运作机理的研究，本书将对长江经济带不同典型地域生态补偿后的生态效益进行测算和综合评价，确定长江经济带生态补偿与经济增长耦合发展的最优实现路径，提出加快长江经济带生态环境可持续发展可利用的引领措施与对策，为实现长江经济带经济社会发展、人民安稳致富和生态环境保护提供参考。

本书可供研究和关心生态补偿标准量化、生态补偿机制完善、生态补偿与经济增长关系的各专业人士和管理者参考，也可供地理学、生态学、环境科学、管理学等相关专业的科技工作者、高校教师和研究生参考。

目 录

1

绪论

1.1 研究背景与意义

1.1.1 研究背景

2016年1月，习近平总书记在重庆视察时，提到要把修复长江生态环境摆在压倒性的位置，共抓大保护、不搞大开发，走生态优先、绿色发展的道路。同年9月，中共中央政治局正式印发了推动长江经济带发展重大国家战略的纲领性文件——《长江经济带发展规划纲要》，要求大力保护长江生态环境，推动建立跨区域的生态补偿机制。随后，国家相关部门联合印发了《长江经济带生态环境保护规划》，各地方政府也出台了相应的规划，为长江经济带生态优先、绿色发展保驾护航。2018年4月，习近平总书记在武汉召开的深入推动长江经济带发展座谈会上，强调推动长江经济带发展是党中央作出的重大决策，是关系国家发展全局的重大战略。

目前，长江经济带还存在许多亟待解决的问题，其中很重要的就是严峻的生态环境问题，生态安全与长江流域开发两者之间存在十分突出的矛盾。《长江经济带绿色发展报告（2017）》指出，长江经济带的粗放发展导致资源环境约束日益趋紧，区域性、累积性、复合性环境问题愈加突出。重型化工业在长江经济带产业结构中占据很大一部分，在空间上呈现沿江分布且高度密集的布局，沿江省市的化工产量约占全国化工产量的46%。沿江分布的钢铁基地、炼油厂和其他大型化工基地等高消耗自然资源和高强度污染排放的产业，给长江经济带带来了饮用水安全、湖泊富营养化等问题，直接影响了长江流域的生态安全。同时，对整个长江流域的保护不足，加剧了生态系统退化的趋势，而修复长江生态环境正是《长江经济带发展规划纲要》提出的主要任务之一。国家对长江经济带的发展提出了更高的环保要求，并确定了相应的发展目标，这使其发展成本增加。要使生态环境保护与经济增长协同发展，必须实行资源的有偿使用制度与生态补偿机制，使经济在增长的同时还可以反哺生态环境。根据国际研究经验：当环境污染治理投资占GDP比重在1%～1.5%时，能控制环境恶化的趋势；当该比重在2%～3%时，环境质量能有所提高。

1.1.2 研究意义

经济发展必定会对环境带来影响。实行有力的生态保护措施，可以推动经济与环境协同发展。当前，生态补偿已成为国际公认的重要的生态环境保护手段之一，被广泛地应用于世界各地，是众多学者关注的焦点，也是建设长江经济带的关键。

生态补偿机制是生态文明制度体系的重要组成部分，对我国来说意义重大。实行生态补偿机制，可以使各区域公平地维护生态安全，同时加快经济发展方式的转型，有利于推动建设区域生态环境。

1.2 理论基础

1.2.1 生态系统服务价值

生态系统服务价值是通过将生态系统服务“货币化”，得到的一种社会经济价值，是人类通过生态系统所获得的直接和间接利益，最早由罗伯特·科斯坦萨（Robert Costanza）等提出。千年生态系统评估（Millennium Ecosystem Assessment）的生态系统服务分类如图 1.1 所示，它将生态系统服务分为供给服务、调节服务、文化服务和支持服务四类。

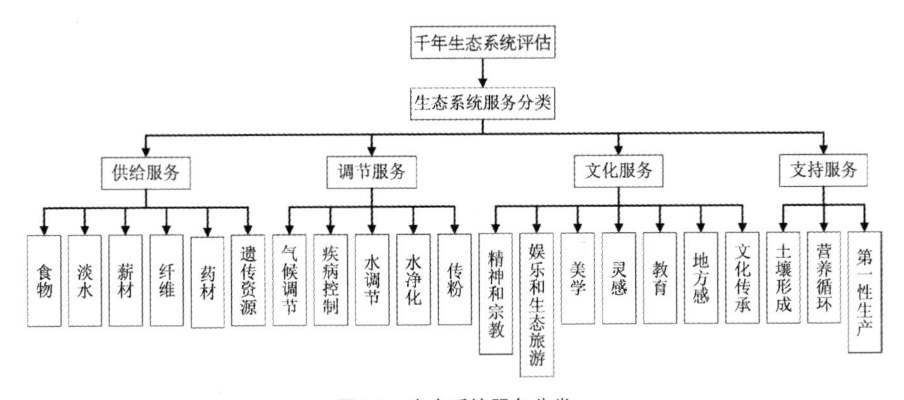

图1.1 生态系统服务分类

1.2.2 生态补偿

生态补偿目前还没有被明确定义。我们认为，生态补偿是通过经济手段，恢复人类活动对生态环境和自然资源等的破坏，刺激人们保护环境。目前的研究重点从生态补偿主客体的界定、补偿机制的摸索、补偿模式的探讨以及补偿标准的确定这几个方面展开。补偿标准的确定关乎补偿效果的好坏以及主客体之间的利益关系等因素，因此补偿标准又是生态补偿领域研究的重点。

1.2.3 内生增长理论

内生增长理论是解释经济增长的重要理论，是以Romer模型等为主要代表的经济增长理论，属于宏观经济学的范畴，是现代西方经济学最重要的进展之一，已逐渐成为经济学研究的中心议题之一。

内生增长理论对解释经济增长具有明显的优势，特别是其对可持续经济增长的解释，与我国实际国情更加相符。

我国正处于生态文明建设的重要时期，长江经济带以“共抓大保护、不搞大开发，生态优先、绿色发展”作为发展道路，在进行经济建设的同时，要把生态问题摆在突出的位置。随着我国制定与实施了相关环保政策，加强了对生态环境的治理，只由Romer模型解释长江经济带经济增长还存在一定的不妥之处。在考虑经济增长的同时，还需要考虑国家的环保投入带来的生态环境改善。所以本书将环境要素引入内生增长模型，对Romer模型进行改进，这也是众多学者常用的一种做法。目前，生态补偿是一种公认的保护环境的有效手段，也是一种跟地区经济增长关系密切的环境经济政策，因此本书将其作为改善生态环境的措施纳入内生增长模型是合理的。

1.3 国内外研究现状

1.3.1 国外研究现状

1. 生态补偿

生态补偿研究的侧重点不同及生态补偿的复杂性等，导致国内外关于生态补偿还没有明确的统一定义。国外文献通常将生态补偿描述为对生态系统/环境服务付费（Payment for Ecosystem/Environmental Services，PES）或生态效益付费（Payment for Ecological Benefit，PEB），而国内则称其为生态补偿（Ecological Compensation，EC）。

（1）生态补偿理论起源

生态补偿理论的形成及完善得益于经济学外部性理论在环境资源领域的应用。庇古和科斯的理论（“庇古税”和“科斯定律”）为解决外部性做出了重要的贡献，被引入生态补偿领域后成为两种实现生态补偿的理论基础：根据“庇古税”，出现了政府通过税收手段来实现生态补偿的做法；基于“科斯定律”，出现了以市场机制来实现生态补偿的方式。

20世纪70年代，陶希格及塞尼卡提出补偿发展论，该理论从环境和发展关系层面探讨补偿问题。随后，Westman提出“自然的服务”的概念及其价值评估问题。[1] 20世纪80年代，“可持续发展”概念的提出，为生态补偿理论和思想的长足发展奠定了基础。从20世纪90年代起，国外开展了大量有关生态补偿机制、途径和主体方面的研究。1995年，哥斯达黎加实行的环境服务支付项目是全球的先导。到21世纪，关于生态补偿的研究逐渐成熟起来，融入社会各层面，成为推动社会经济发展与生态环境保护协调统一的重要措施。[2]

（2）生态补偿理论研究

国外主要从概念、理论框架、补偿主体、补偿模式、补偿机制、补偿效益评估等方面对生态补偿开展研究。Cuperus等认为生态补偿是恢复生态系统受损的生态功能和自然价值的一种措施。[3] Wunder最先提出生态补偿为环境服务提供者与购买者自愿达成的一种交易。[4] Engel等拓展了Wunder的定义，将环境服务购买者扩展到了第三方，如政府等；同时，在环境服务的提供者中引入了集体组织，如社区等。[5] Farley和Costanza认为Wunder的定义不太符合实际情况，界定标准还有待商榷。[6] 但Wunder和Engel对生态补偿的定义在国外仍是主流思想。[7] Ezzine-de-Blas等提出了一个概念框架，用来研究生态补偿对参与者的保护和对可持续管理自然生态系统内在动机的影响。[8] 生态补偿模式主要分为以政府为主体、政府主导及市场运作三种模式。Larsno和Mazzare建立了以政府颁发补偿许可证为基础的快速评价湿地的模型。Fauzi等通过研究印度尼西亚的生态补偿项目，发现政府的介入很重要。[9] 美国的“土地休耕计划”等项目补偿的主体都是政府。Cranford与Mourato提出了一个两阶段的生态补偿方法，首先以激励集体的形式对社区进行非现金的补偿，再对个人以市场机制的方式（现金）进行补偿。[10] Fletcher等研究了哥斯达黎加的生态补偿计划，认为它是一种基于市场的保护机制，但在实际操作中对补偿计划不够重视，导致生态补偿的实施逐渐偏离了计划。[11]

Lasbel等以肯尼亚一个农村小流域作为案例，研究生态补偿机制。[12] Robalino等通过研究哥斯达黎加在进行生态补偿前后的森林砍伐率来评估森林保护的效果。[13]

（3）生态补偿标准

补偿标准的确定是生态补偿研究领域的重难点，也是补偿问题的核心。Thu等主张应依据服务的实际机会成本进行支付补偿。[14] Ohl等认为应该在公平的前提下，对提供服务者按机会成本确定生态补偿标准。[15] do Motta等认为农民参加生态补偿不仅取决于机会成本，对他们的观念也会有所影响。[16] Costanza等估算了生态系统服务的经济价值，使生态系统服务的量化产生了很大的飞跃，推动了生态补偿标准的发展。[17] Asquith等认为需要针对补偿个体进行区别对待，分别采用现金和非现金的补偿方式，而生态补偿机制发展的最大挑战在于环境服务的提供方和购买方之间建立信任的过程比较漫长。[18]

（4）生态补偿研究领域

国外对生态补偿的研究体现在多个方面，如森林、草地、生物多样性、土地利用、流域、海洋等。Do等从买家观点和意愿分析的角度对越南政府实施的森林环境服务支付政策进行了研究。[19] Zabel研究了瑞士高山草场的生物多样性，在其论文中出现了以生物多样性水平为标准进行生态补偿支付的方式。[20] Schirpke等认为生态补偿有助于保护生物多样性，同时应该仔细规划生态补偿，以免对个别生态系统或服务赋予特权。[21] Hayes等探讨了生态补偿如何影响共同财产领域的家庭土地使用行为。[22] Van Hecken等以尼加拉瓜为例，探讨了流域服务本地支付的可行性，评估了在上游用户清理流域的情况下，下游用户对改善水质的支付意愿。[23] Barr等调查了坦桑尼亚渔民对海洋生态补偿方案设计的偏好，通过实验确定了在不同海洋生态补偿计划下渔民参与率的变化。[24]

（5）生态补偿与减贫

研究发现，生态补偿还可能在减贫上有所体现。生态补偿与贫困的关系错综复杂。Pagiola等认为生态补偿计划设计对当地有利时，可能会对减贫有协同作用。[25] 但也有学者认为生态补偿可能会扩大贫富差距，为减贫带来负向作用。[26] Diswandi基于Coasean和Pigouvian的理论，建立了一种新的综合生态补偿计划，并评估该计划对龙目岛的减贫效果，认为生态补偿在短期内无法减贫，而从长期看可能有助于减贫。[27] 目前，国外对生态补偿与减贫关系的研究比较少。

（6）生态补偿与经济发展耦合关系研究

全人类的福祉往往与自然环境、生态系统息息相关，生态补偿作为实现环境保护和社会经济发展目标的重要经济手段，对人类社会的发展有极大的促进作用，因此生态补偿与经济发展的关系也逐渐成为学术界关注的重点。[28] 国外关于生态补偿与经济发展关系的研究主要集中在生态补偿的成本效益分析、生态补偿对家庭收入和农户生计的影响等方面。Birch等人通过一种森林动态模型，探究森林恢复对拉丁美洲干旱地区生态系统服务价值的潜在影响，结果表明不同的恢复方案所具有的成本效益不同。[29] Acua等评估了河流生态服务的成本效益，探究其是否具有经济意义，为在生态服务背景下管理河岸森林提供了一个决策框架。[30] Pham等评估了越南中部森林生态补偿对农户收入的影响，表明森林生态补偿虽然对人均生产性土地占有收入和生产成本的影响不显著，但从整体上显著提高了家庭总收入和人均收入。[31] Brownson等将一个鸟类生态廊道项目与在哥斯达黎加开展的生态补偿项目进行比对分析，发现生态补偿在改善生态效益的同时也促进了当地与其他区域的经济交流。[32] Schirpke等在分析意大利自然遗址的生态补偿对生物多样性和社会经济发展的影响时也得到了类似的论证。[33] 随着生态补偿的推进，越来越多的资金进入生态补偿项目，在这种趋势下探究生态补偿对经济的作用结果十分必要。[34] 综上所述，现有生态补偿与经济发展关系的研究侧重于效应评估和影响因素方面的分析，缺乏对二者间相互作用、耦合机制的剖析，未来对这方面还需深入探究。

（7）生态补偿与经济发展情景模拟

生态补偿与经济发展之间存在许多不确定因素，学者们尝试从多种角度研究不同发展情景下生态补偿与经济的关系。Li等采用CGE模型对影响生态补偿的多种因素进行仿真模拟，认为针对碳排放征税将有利于降低制造业、居民家庭等的能耗。[35] Díez-Echavarría等建立了一个具有交互图的个体水平仿真模型，探讨了在不同的生态补偿支付情景下，城市进行生态补偿时，土地所有者参与决策的动态变化。自联合国政府间气候变化专门委员会（IPCC）于2010年提出共享社会经济路径（SSPs）以描述全球社会经济发展情景以来，越来越多的学者基于SSPs探讨了区域社会经济情景的未来变化趋势，推进了基于气候变化的社会经济与环境保护的可持续发展研究。[36、37] Kubiszewski等基于SSPs预测了全球和当地社会生态因素对生态系统的潜在影响。[38] Huber等考虑在气候变化的影响下，农业环境保护措施的政策主体与社会、生态的交互效应。[39]

生态补偿与经济发展的情景模拟研究相对较少，学者们研究的侧重点亦有所不同。但在全球气候变化的大趋势下，未来基于SSPs的情景模拟研究将逐渐深入。

综上所述，目前国外有关生态补偿的研究重点强调政治、制度和文化背景在生态补偿实施中的作用，重视补偿计划参与者的决策对提升计划效果的影响；在生态补偿与经济发展的关系方面，研究重点集中在补偿的社会经济效应评估；在生态补偿与经济发展的情景模拟研究方面，学者们从不同角度开展研究，未来基于SSPs的情景模拟将成为经济可持续发展研究的热点。

2. 内生增长模型

长期以来，国外学者围绕现代经济增长构建了许多经济模型，先后出现了古典经济模型、新古典经济增长模型及内生增长模型。随着各国学者的深入研究，各种经济模型都得到了完善和发展。

（1）经济增长模型

20世纪三四十年代，出现了以Harrod和Domar等构建的古典经济模型。[40、41] 古典经济理论将劳动力、土地和资本确定为经济增长的决定因素，其中对经济增长起主导作用的是劳动力和资本的投入。Harrod-Domar经济增长模型奠定了现代经济增长理论的基础，是现代经济增长研究的重要阶段。

新古典经济理论是在古典经济理论的基础上提出的，其提出意味着对经济增长的研究向前迈了一步。新古典经济增长模型由Solow和Swan最先提出，后得到其他学者的补充与完善。[42、43] 该理论认为劳动和资本可以互相替代，技术是外生变量，技术的进步是经济增长的决定因素。

（2）内生增长模型与经济增长

新增长理论即内生增长理论，是以Romer和Lucas等研究者的观点为主要代表的经济增长理论。[44、45] Romer和Lucas的开创性论文，使得经济增长理论重新引起了许多学者的兴趣。Romer将知识作为内生变量引入经济增长模型，提出了技术内生的概念。[44] Romer建立了涵盖研究、中间产品生产、最终产品三部门的经济增长模型。[46]

经济的增长需要实现要素回报递增，克服要素回报递减。经济学家构建了一些内生增长模型，其主流是回报递增和内生技术进步的模型，其中主要以Romer的生产要素外溢、Lucas的人力资本累积和垄断竞争、R&D（research and development）投资三种模型为代表。这些模型结合实际的经济情况，利用它们可以剖析经济增长的内在机制，找出经济的最优增长路径。

（3）内生增长模型与环境因素

随着人们对环境越来越重视，经济增长并不能只是物质的增长而对环境无止境的破坏。在此背景下，可持续发展被提出，且显得越来越重要。许多学者正是在意识到这一问题后，在研究经济增长的同时，将环境质量作为内生要素引入内生增长模型，以此来讨论环境恶化和可持续发展等问题。该方法受到众多学者的发展和完善，逐渐成熟起来。Bovenberg和Smulders在Romer的内生增长模型基础上考虑环境质量，并将环境要素引入其中进行研究。[47] Grossman和Krueger研究了经济增长与环境污染的关系。[48] Stokey为了探究环境污染与经济增长的作用关系，对Barro的AK模型进行扩展，并将环境污染指数纳入其中。[49] Greiner探讨了公共资本和环境污染的内生增长模型中财政的增长和福利效应。[50] Aznar-Marquez等研究了两种在环境外部性存在时的经济增长，认为最优长期增长的可持续性取决于环境限制、生产和减排技术、个人偏好和人口动态。[51] Bastola等研究了能源消耗过程对经济增长造成的影响，并发现依赖能源消耗进行社会生产并不能有效刺激消费，反而会对环境产生负面效应，进而影响社会经济；从另一个角度来说，节约能源和减少碳排放政策不会阻碍经济长期增长。[52]

1.3.2 国内研究现状

1. 生态补偿

与国外相比，我国关于生态补偿的研究起步较晚，开始于20世纪50年代初期。经历30余年的发展，直至20世纪80年代中期，这种以经济激励手段解决环境问题的补偿形式才开始在我国受到重视。[53] 生态补偿进入我国后，也经历了内涵的认识研究阶段。例如，毛显强等认为生态补偿是保护或损害环境的主体受到补偿或收费的一种行为，该行为的目的是激励主体增加保护行为、减少损害行为，最终使得资源环境受到保护。[54] 虽然国内外学者基于不同的侧重点对生态补偿的理解存在差异，但这些理解在本质上是一致的。

目前，我国学者对生态补偿的研究还处在摸索阶段。洪尚群等从补偿制度方面进行探索，针对补偿的作用、性质、对象、主体、标准等方面及在遇到技术和资金问题时如何补偿进行了探索。[55] 曹明德论述了生态补偿的理论依据，并对生态补偿的主客体进行了明确。[56] 关于生态补偿的原则，从国家层面来讲，政策上制定了“谁开发谁保护，谁受益谁补偿”的原则。生态补偿的方式存在多样性，孔凡斌对补偿方式进行了研究。[57]

目前，国内对生态补偿的研究主要体现在生态补偿的领域、生态补偿标准的核算方法、生态补偿的模式等方面。

（1）生态补偿研究领域

国内研究生态补偿的领域主要涉及森林、湿地、草地、耕地、流域、水电工程等。韩洪云等以重庆万州实行的退耕还林政策为例，认为一定的生态补偿对退耕还林的实施有利。[58] 刘子玥等以松花江流域湿地为例，探讨了生态补偿机制。[59] 叶晗等评析了内蒙古对草地的生态补偿带来的经济和社会效益。[60] 张燕等从耕地生态安全的角度，分析了生态补偿与安全之间的逻辑关系，从实践与制度上思考耕地补偿标准制定的限制因素。[61] 乔旭宁等以渭干河流域为研究区，基于流域的生态损益、综合成本和支付意愿，核算了生态补偿标准。[62] 肖建红等核算了三峡工程的生态补偿标准，并估算了其带来的正面与负面的价值。[63]

（2）生态补偿标准

生态补偿标准的核算方法也是国内一个重要的研究方向，主要包括生态系统服务价值法、机会成本法、生态足迹法、意愿调查法、博弈论等。周晨等从生态系统服务价值角度，以南水北调中线工程水源区为研究对象，通过研究生态系统服务功能与动态的价值变化，核算了研究区的生态补偿标准。[64] 官冬杰等基于机会成本和生态系统服务价值，核算了三峡库区重庆段的生态补偿标准。[65] 周健等基于改进的生态足迹模型，引入生态系统服务价值，核算了重庆三峡库区各区县的生态补偿标准。[66] 王昌海等通过调查问卷的方式，结合多元回归模型，确定了湿地保护区周边农户的生态补偿意愿值。[67] 曲富国等研究了我国流域的上游政府和下游政府关于生态补偿的博弈。[68]

（3）生态补偿的模式

生态补偿的模式从主导力量角度来看，主要包括政府补偿、社会补偿和非政府组织补偿。[69] 在空间层面上，近年来还有一些针对跨区域生态补偿的研究，如国家发展和改革委员会国土开发与地区经济研究所课题组探讨了跨区域建立生态补偿机制的方法，提出了实施横向的生态补偿，建立相关的制度及其配套设施。特别是在流域补偿上，其认为在上下游之间建立跨区域的生态补偿机制，有助于保护河流的生态。[70] 王军锋等从补偿资金来源的角度，考虑政府及市场所显现的作用特点，探讨了流域生态补偿的模式。[71]

（4）生态补偿与经济发展耦合关系研究

实施生态补偿的意义在于维持社会经济与自然生态环境之间的协调，从而达到可持续发展的目的。国内学者依据补偿实施效果的差异性，将生态补偿划分为“输血型”补偿和“造血型”补偿。[72] 顾名思义，“输血型”补偿即向应实施补偿的区域直接投入资金；“造血型”补偿即以间接的方式对地区产业结构进行优化调整，改变社会生产模式。由此便产生了两种不同的影响地区经济发展的补偿形式。[73] 然而，在实践中生态补偿与经济发展的关系由多种因素共同驱动，不能简单地一概而论。目前国内有关生态补偿与经济发展耦合关系的研究较少，主要从以下两个方面开展。

第一，从微观视角探究生态补偿的减贫作用，采用灰色关联分析法、倍差法、匹配法等方法，定量描述生态补偿对贫困地区农户的减贫作用。姚文秀等采用灰色关联分析法，对退耕还林（草）工程引发的环境经济效应进行了研究，指明了未来产业结构应该从何种方向进行优化调整，表明生态补偿在产业结构调整和劳动就业等方面具有积极作用。[74] 谢旭轩等运用倍差法、匹配法和匹配倍差法对贵州省毕节市退耕农户进行实证分析，表明退耕还林生态补偿并未对退耕农户总收入造成显著影响。[75] 张炜等通过实证研究，从影响农户收入的作用机制入手，验证了退耕还林的生态补偿对农户收入产生了消极作用。[76]

第二，从宏观视角探究生态补偿对区域经济的影响，采用拉姆塞-卡斯-库普曼宏观增长模型、双重差分法、内生增长模型等模型方法，定量描述生态补偿对区域经济发展的影响机制。李国平等基于拉姆塞-卡斯-库普曼宏观增长模型，将生态补偿资金和生态效益过程纳入其中，从理论上分析生态补偿资金投入对经济增长的影响，表明生态补偿资金通过提高资本的增长率进而推动经济增长。[77] 张晖等运用双重差分法，分析流域生态补偿对黄山市经济增长的影响，表明生态补偿政策降低了流域上游受偿地区的经济收入，并且对原有的较为和谐的产业结构产生了破坏。[78] 杨丽等以水质为依据，在内生增长模型的基础上，将环境质量引入生产函数，探究了生态补偿标准与经济增长之间的动态关系，为补偿标准的制定提供了更加科学的依据。[79]

（5）生态补偿与经济发展情景模拟

不同时间、不同环境条件、不同政策背景会影响生态补偿与经济发展的走向和趋势，造成生态补偿与经济发展关系在时间和空间尺度上的差异。目前对于生态补偿的情景模拟主要以生态系统服务价值测算和生态补偿为基础，在土地利用的视角下开展。肖春梅等引入系统动力学方法，为生态系统服务价值的发展设定了四种情景，测算了不同情景下的生态补偿额度。[80] 胡赛构建了一种耦合Logistic-ANN-CA的模型进行土地利用变化模拟，并对不同情景下的生态系统服务价值进行估算，在此基础上对生态补偿的优先级和补偿标准进行测算。[81] 严婉玉通过德尔菲专家咨询法设立耕地生态补偿的多重情景，并提出多情景下的耕地生态系统服务功能补偿模式。[82] 关于土地利用未来情景预测的研究愈发成熟，这在一定程度上推进了基于土地利用变化的生态系统服务价值测算生态补偿标准的进程。例如，张悦运用MATLAB多主体建模的方法，构建了基于多级行政区划的生态补偿框架的仿真模型，分别分析了不实施生态补偿、实施补偿但无政策经济调控、政策经济弱调控、政策经济强调控四种情景下各主体的收入与环境变化趋势，并提出了相应建议。[83] 尽管目前对生态补偿与经济发展情景模拟的探索相对较少，但未来经济与环境的发展趋势预测需求逐渐增加，不同情景下二者相互影响的动态行为将成为未来研究的重点。

综上所述，目前国内关于生态补偿的研究在理论层面逐渐深入，在实践层面虽然展开了多种类型的工程建设，但尺度较小，缺乏跨省域的大尺度实践；在生态补偿与经济发展关系研究方面，侧重于从微观角度探究生态补偿对农户的减贫作用，较少考虑宏观视角下的经济效益，缺乏生态补偿与经济发展之间动态耦合关系的研究；在跨区域生态补偿成为趋势的背景下，亟须对大范围、长周期的生态补偿与经济发展情景模拟展开研究。

2. 内生增长模型

内生增长理论进入国内后，有学者对其进行了深入探讨[84]，随后更多的学者开始了对内生增长模型的研究。例如，杨建芳等建立了包含健康与教育的一个内生增长模型，研究人力资本对经济增长的影响。[85]

国内对环境污染与经济增长的关系研究时间较短，相应的研究成果也未成熟，目前大多仍停留在对内生增长框架的讨论上。彭水军和包群将环境质量因素引入生产函数和效用函数，将其内生，并将环境质量纳入最优增长模型的分析框架。[86] 李仕兵和赵定涛将污染强度引入生产函数，将环境质量引入效用函数，构建内生增长模型，研究经济可持续发展所需要的条件。[87] 黄菁通过其建立的两个经济增长模型，研究了经济增长、人力资本和环境污染三者之间的联系，并以我国为例进行了实证。[88] 何正霞和许士春将环境污染和污染控制分别引入效用函数和生产函数，构建了一个动态的经济增长模型。[89] 郭莲丽等将环境资本与环保技术纳入内生增长模型——该模型是一个人力资本与环境质量内生且受到环境污染约束的模型——并进行最优增长路径的分析。[90] 黄茂兴和林寿富以环境管理和污染损害等要素构建了包含五部门的内生增长模型，并分析了五部门对经济可持续发展所起到的作用，实证分析了我国的经济增长、环境管理和污染损害三者之间的关系。[91] 曾望军进行了污染物排放强度与经济增长之间的关系的实证研究，并通过实证结果确定了工业三废的最优排放强度。[92] 贺俊等构建了一个两部门的内生增长模型，并对环境污染及其治理投入的关系进行了实证研究，认为存在最优的环境污染治理投入，投入额应超过GDP的1.8%。[93] 李国平和石涵予将退耕还林的生态补偿和经济增长相结合，分析了经济增长受到生态补偿的影响，认为生态补偿能带来经济的增长。[77] 杨丽和傅春基于内生增长模型，在生产函数中引入环境质量，考虑环境治理力度和以水质为标准的生态补偿对经济的影响，针对被补偿地区构建了经济可持续增长模型，并求取了模型的平衡增长解。[79]

1.3.3 发展动态及趋势

生态补偿标准的确定是生态补偿研究领域的重难点，生态补偿与经济增长之间的动态关系更是当前亟待研究的热点。目前仍然有许多疑惑需要深入研究，如对补偿对象与补偿内容的差异性、补偿标准核算方法的适用性以及补偿机制的多元性等的研究均处于探索阶段，后续研究需要不断发展和完善。归纳起来，对生态补偿和内生增长模型的研究发展动态及趋势如下。

1. 生态补偿标准量化方法

对生态补偿标准的研究以主观理论的方法为主，并未考虑农户的意愿，需要将农户的意愿调查结果与理论的核算结果进行综合，如此才能得到比较客观的补偿标准。生态补偿标准的核算在差别化和动态化等方面尚存欠缺，将来在生态补偿标准核算方面要更加注重差别化和动态化，防止“一刀切”和生态补偿跟不上社会发展的情况发生。

2. 横向跨区域生态补偿机制

目前我国基本依靠政府税收来支付生态补偿，而横向跨区域的生态补偿基本没有。横向跨区域的生态补偿是保护生态环境的有效方法，通过此方法可以激励受偿地区对生态环境的保护，支付生态补偿的地区根据设定的环境标准来支出生态补偿，可以起到对受偿地区监督的作用。

3. 生态补偿与经济增长之间的耦合关系

目前与生态补偿与经济增长相关的研究主要体现在对地区的减贫作用上，且研究较少。生态补偿以资本的形式注入受偿地区后，不应仅仅是资本上的增长，更应该成为推动地区发展的一个重要因素。所以，将生态补偿纳入内生增长模型，在环境污染和环境质量的约束条件下去研究经济增长，能更具深度地剖析生态补偿与经济增长的关系。分析生态补偿标准和经济增长的耦合关系是生态补偿研究的一个发展趋势。

1.4 研究内容与目的

1.4.1 研究内容

1. 长江经济带生态系统健康评价指标体系构建

作为给人类提供物质与生存环境的生态系统，其健康与否直接或间接地制约了经济发展和环境保护。本书将从“经济-社会-自然”复合生态系统理论的角度出发，构建一套完整的、相互独立的、能反映长江经济带生态系统健康情况的评价指标体系，采用熵值法赋予指标权重，通过正态云模型计算出各评价指标的健康状况，进而得出流域尺度下长江经济带生态系统健康等级，为长江经济带生态补偿标准的量化奠定基础。

2. 长江经济带生态补偿标准差别化模型构建

本书将从“大流域大保护”视角，定量分析长江经济带各省、市、县（市、区）的自然、社会和经济等条件，运用机会成本法和生态系统服务价值法，综合地理要素差异系数，构建长江经济带的生态补偿标准差别化模型，并将区域数值代入计算，得出生态补偿标准，分别从差异系数、流域尺度、城市群尺度、省级尺度等角度进行差异化分析，为科学制定适用于长江经济带各区域的生态补偿标准提供参考。

3. 长江经济带生态补偿与经济增长的内生增长模型构建

基于新经济增长理论，本书分部门构建函数，同时将生态补偿纳入内生增长模型，构建生态补偿与经济增长的内生增长模型，求长江经济带生态补偿与经济增长的内生增长模型的最优解，分析生态补偿对经济最优增长路径的影响，明确生态补偿与经济增长间的关系。

4. 长江经济带生态补偿与经济增长动态耦合关系

借鉴物理学中的耦合概念，本书将构建耦合度与耦合协调度模型，分析生态补偿与经济发展子系统之间交互耦合度和耦合协调程度，揭示长江经济带生态补偿与经济发展动态耦合关系，并进行耦合关系时间序列动态化分析与空间差异化分析，明确长江经济带在时间和空间尺度上所处的耦合阶段。

5. 长江经济带生态补偿与经济增长运作机理

基于长江经济带经济体量大和环境污染情况复杂等特征，本书将构建长江经济带的生态补偿“社会-经济-环境”系统动力学模型，并对模型进行检验。通过调整参数、设定不同情景、模拟不同情景下生态补偿额度的变化，解析生态补偿涉及利益关系特征，揭示长江经济带生态补偿与经济发展运作机理。

6. 长江经济带生态补偿与经济增长实现路径

基于对长江经济带生态补偿与经济发展耦合关系和运作机理的研究，本书将对长江经济带不同地域生态补偿后的生态效益进行测算和综合评价，确定长江经济带生态补偿与经济增长耦合发展的最优实现路径，提出加快长江经济带生态环境可持续发展可利用的引领措施与对策，为实现长江经济带经济发展、人民安稳致富和生态环境保护提供参考。

1.4.2 研究目的

本书将利用生态补偿理论，开展生态补偿标准差别化及动态化评价，结合内生增长理论，剖析生态补偿与经济增长耦合关系，揭示生态补偿与经济增长运作机理，推进生态补偿与经济增长实现路径的顺利落地，为长江流域生态补偿机制完善和经济可持续发展提供理论依据和典型范例，有重要的指导实践价值。

1.5 研究方法与技术路线

1.5.1 主要研究方法

当前，生态系统服务价值的估算方法主要有当量因子法和模型法

（InVEST等）。本书将采用InVEST模型，根据区域实际状况估算生态系统服务价值。采用InVEST模型估算生态系统服务价值，如图1.2所示。

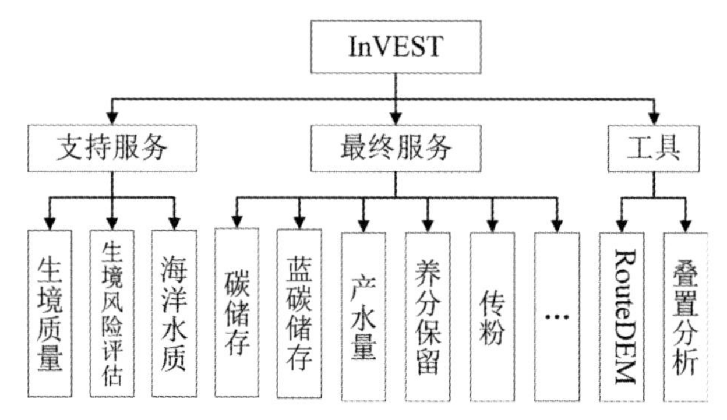

图1.2　用InVEST模型估算生态系统服务价值

本书将引入InVEST模型估算生态系统服务价值，并通过不同省市的经济实力评估其补偿能力的强弱，构建生态补偿标准差别化模型，最后结合相应数据得到生态补偿标准。

本书将生态补偿纳入内生增长模型，构建经济可持续发展的内生增长模型，同时提出一种耦合经济增长和生态补偿的新思路，即使用系统动力学模型，将经济和环境结合起来，研究经济和环境对投入的生态补偿的反馈机制。主要研究方法与涉及学科如图1.3所示。

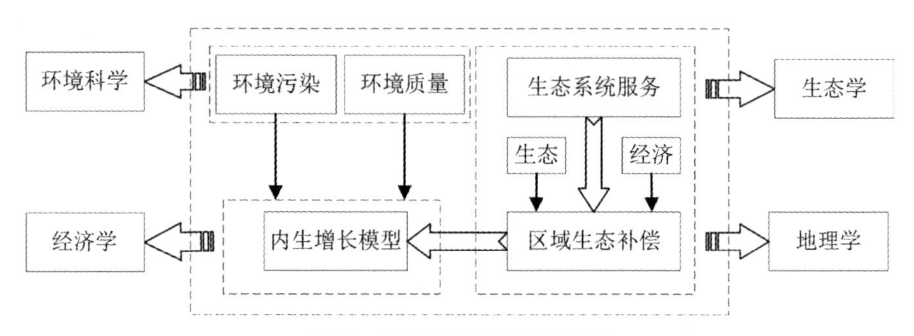

图1.3　主要研究方法与涉及学科

1.5.2　技术路线

技术路线如图1.4所示。

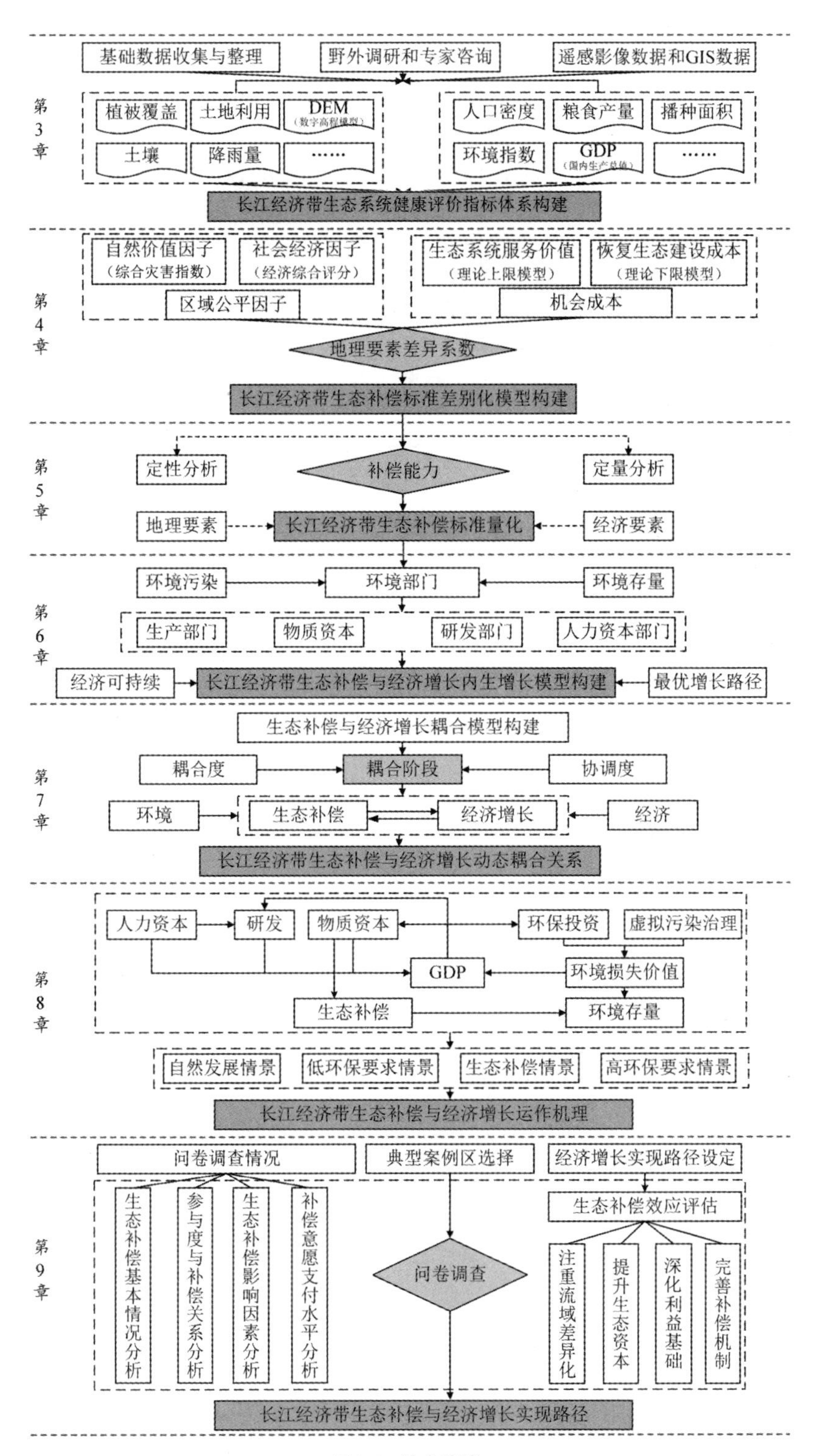
基础数据收集与整理
野外调研和专家咨询
遥感影像数据和GIS数据
第3章
植被覆盖
土地利用
DEM
（数字高程模型）
土壤
降雨量
……
人口密度
粮食产量
播种面积
环境指数
GDP
（国内生产总值）
……
长江经济带生态系统健康评价指标体系构建
第4章
自然价值因子
（综合灾害指数）
社会经济因子
（经济综合评分）
区域公平因子
生态系统服务价值
（理论上限模型）
恢复生态建设成本
（理论下限模型）
机会成本
地理要素差异系数
长江经济带生态补偿标准差别化模型构建
第5章
定性分析
补偿能力
定量分析
地理要素
长江经济带生态补偿标准量化
经济要素
第6章
环境污染
环境部门
环境存量
生产部门
物质资本
研发部门
人力资本部门
经济可持续
长江经济带生态补偿与经济增长内生增长模型构建
最优增长路径
第7章
生态补偿与经济增长耦合模型构建
耦合度
耦合阶段
协调度
环境
生态补偿
经济增长
经济
长江经济带生态补偿与经济增长动态耦合关系
第8章
人力资本
研发
物质资本
环保投资
虚拟污染治理
GDP
环境损失价值
生态补偿
环境存量
自然发展情景
低环保要求情景
生态补偿情景
高环保要求情景
长江经济带生态补偿与经济增长运作机理
第9章
问卷调查情况
典型案例区选择
经济增长实现路径设定
生态补偿基本情况分析
参与度与补偿关系分析
生态补偿影响因素分析
补偿意愿支付水平分析
问卷调查
生态补偿效应评估
注重流域差异化
提升生态资本
深化利益基础
完善补偿机制
长江经济带生态补偿与经济增长实现路径

图1.4 技术路线

1.6 本章小结

本章阐述了本书写作的背景及意义，通过对大量国内外相关文献进行收集与整理，分析了生态补偿理论、生态补偿标准、生态补偿与经济发展耦合关系、内生增长模型与经济增长等方面的研究进展，总结了发展动态与趋势，从而进一步确定了本书的框架结构，明确了本书的主要目标、研究内容、研究方法和技术路线。

2

研究区域概况与数据来源

2.1 研究区域概况

2.1.1 自然地理概况

长江经济带覆盖9省2市（云南省、四川省、贵州省、重庆市、湖南省、湖北省、江西省、安徽省、浙江省、江苏省和上海市），整体位于东经97°21′～123°25′和北纬21°08′～35°20′，面积约205.23万km^2，如图2.1所示。

长江经济带地势西高东低，西接青藏高原，东邻东海，落差巨大。地形特征推动水利水电工程兴起，葛洲坝水利枢纽工程、三峡水利枢纽工程等由此诞生。

长江经济带大部分属于亚热带季风气候，气候温暖，雨量充沛，夏季高温多雨，冬季低温少雨。

长江是我国第一大河，全长近6400km，流域面积约178.3万km^2，年径流量约9857亿m^3，给长江经济带带来了丰富的水资源。除了水资源，长江经济带还有大储量、多种类的矿产资源，生物资源和旅游资源也十分丰富。

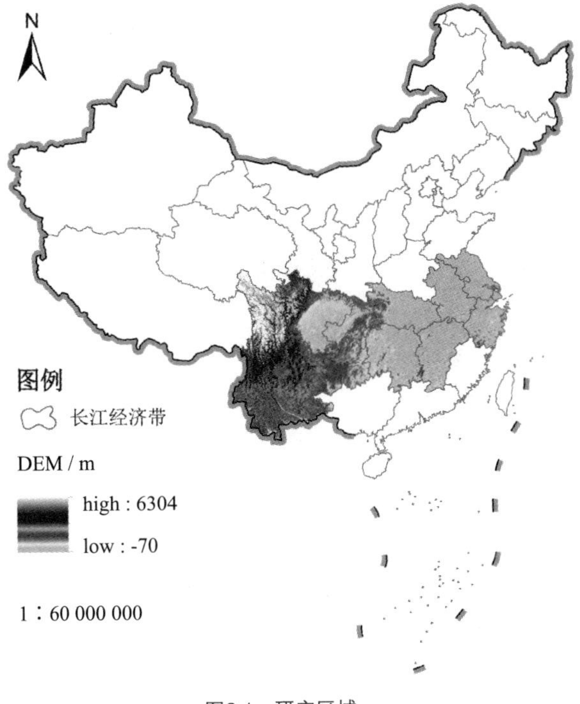

图2.1　研究区域

2.1.2　社会经济概况

长江经济带交通发达，长江自西向东横贯整个长江经济带，将东部、中部和西部三个地区连接起来，是一条天然的运输要道。截至 2017 年底，长江经济带运输线路长度约 220.91 万 km。其中铁路营业里程约 3.74 万 km，约占全国铁路营业里程的 29.44%；内河航道里程约 9.03 万 km，约占全国内河航道里程的 71.10%；公路里程约 208.14 万 km，约占全国公路里程的 43.60%。

2017 年，长江经济带的总人口约 59 501.45 万人，约占全国人口的 42.80%。1997—2017 年长江经济带和全国人口变化情况如图 2.2 所示。1997—2017 年，长江经济带总人口呈增加趋势，人口数从 54 827 万人增长到 59 501.45 万人，共计增加了 4674.45 万人。1997—2017 年，长江经济带人口数占全国人口数的比重平均约为 43.15%。比重最高的年份为 1997 年，约为 44.35%，之后呈下降趋势；到 2005 年，下降趋势放缓，2005 年至 2017 年变化波动不大，平均占比约为 42.79%，同时该时间段的人口占比均值低于整个时间段的平均值。这 21 年间，长江经济带任何时间的人口数占全国人口数的比重都超过了 4 成，具有较大的人口资源优势。

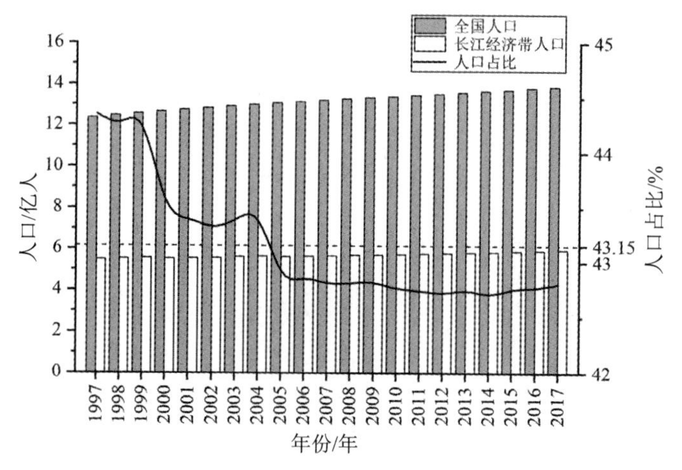

图2.2　1997—2017年长江经济带和全国人口变化情况

2017年，长江经济带GDP（当年价）约为370 998.49亿元，约占全国GDP（当年价）的44.98%。1997—2017年，长江经济带和全国GDP（当年价）变化状况，如图2.3所示。1997—2017年，长江经济带GDP（当年价）占全国GDP（当年价）的比例，整体呈上升的趋势，平均约42.97%，1997—2004年及2007年和2008年的占比都低于这一平均值。1997—2017年，全国GDP（当年价）呈增长趋势，从78 973.04亿元增长到824 828.40亿元，共计增加了745 855.36亿元，2017年的全国GDP约是1997年的10.4倍。这21年间，长江经济带任何年份的GDP（当年价）占全国GDP（当年价）的比重都超过了4成，从增长趋势来看，该比值还会持续增加。

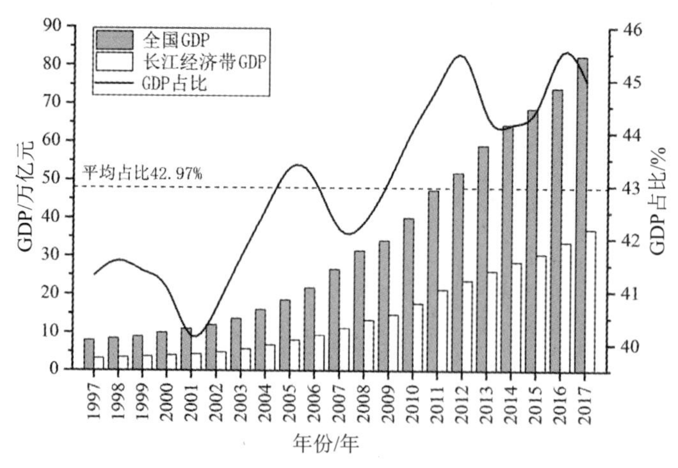

图2.3　1997—2017年长江经济带（当年价）和全国GDP（当年价）变化状况

长江经济带有三大城市群，即长江三角洲城市群（包括上海市以及江苏省、浙江省和安徽省的部分城市）、长江中游城市群（包括湖南省、湖北省、江西省的部分城市）和成渝城市群（包括重庆市部分区县和四川省部分城市），是国家重点布局的区域，同时也是长江经济带发展战略要打造的三大增长极。近年来，长江经济带发展势头迅猛，城镇化率持续走高。截至2017年，长江经济带城镇化率已达到58.29%，且增长趋势明显，结合国家政策，可以预料，长江经济带未来发展会达到更高的层次。2005—2017年长江经济带城镇化率如图2.4所示。

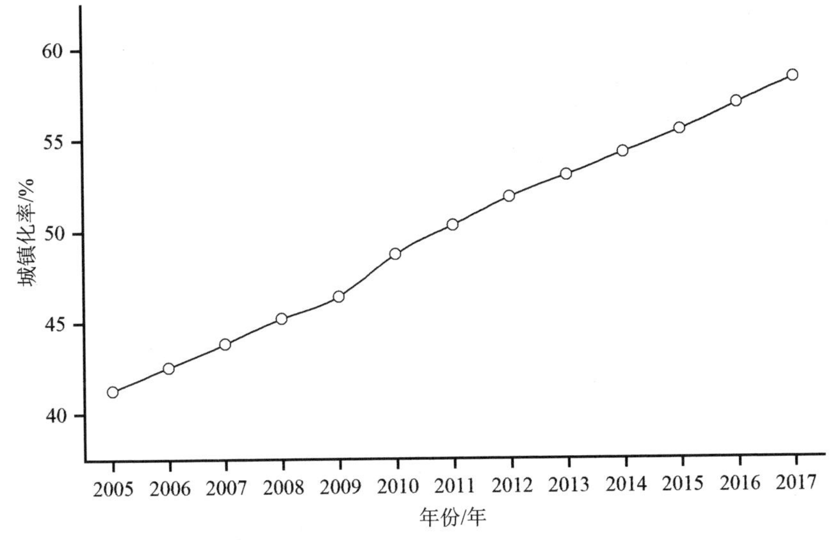

图2.4　2005—2017年长江经济带城镇化率

2.2　数据来源

2.2.1　统计数据

本书统计数据主要来源于中国统计年鉴、中国环境统计年鉴、中国人口和就业统计年鉴、中国卫生健康统计年鉴、中国科技统计年鉴等统计年鉴。

2.2.2　矢量数据

矢量数据主要为研究区的行政区划数据，来源于中国科学院资源环境科学与数据中心（http://www.resdc.cn/）。

2.2.3 栅格数据

栅格数据主要包括土地利用数据、NDVI（归一化植被指数）数据、NPP（植被净初级生产力）数据、土壤数据等。

土地利用数据来源于中国科学院资源环境科学与数据中心，包括1995年、2000年、2005年、2010年和2015年共计5期数据，空间分辨率为1km，分类体系是中国科学院土地利用覆盖分类体系。

NDVI数据来源于中国科学院资源环境科学与数据中心，包括1998—2017年共计20期的数据，空间分辨率为1km。

NPP数据为MOD17A3（http://www.ntsg.umt.edu/project/MOD17/），包括2000—2015年共计16期的数据，空间分辨率为1km。

土壤数据来源于世界土壤数据库（Harmonized World Soil Database, HWSD），空间分辨率为1km。

2.2.4 其他数据

其他数据主要是气象数据，来源于国家气象信息中心（http://data.cma.cn/），包括1997—2017年共计21年的基本站的降雨量和气温等逐日观测数据。

2.3 本章小结

本章针对研究区域的基本情况展开了自然地理和社会经济的简单介绍。自然地理概况包含长江经济带的地理位置、地势、气候等自然因素。社会经济概况包含长江经济带交通、人口、经济等社会条件。

本章交代了统计数据、矢量数据、栅格数据和其他数据的来源。统计数据主要来源于各种统计年鉴；矢量数据来源于中国科学院资源环境科学与数据中心；栅格数据和相应来源地址也已说明；其他数据主要是气象站的逐日观测数据。

3

长江经济带生态系统健康评价指标体系构建

3.1 前言

人类对自然科学的不断探索和对自然资源的持续开发利用，为各行业发展带来了副作用，如人口过剩、全球变暖、污染排放、极端气候、生物多样性减少等，已经对人类和人类的生存环境造成了恶劣影响。从人类长远利益考虑，为了实现可持续发展，应当将生态系统健康放在发展的首要位置。

长江自古以来便是文明发展的聚集地，得益于航运交通优势、国家相关政策等，近年来长江流域的经济得到了飞速发展。长久以来，人类社会对自然的过度开发和城市扩张等行为对生态环境造成了较大的压力，尤其在沿江工厂密集、各地政策不一的情况下，废水、废气排放得不到有效管理，长江流域经济发展与生态环境保护之间的矛盾日益激化。我们必须意识到，在推动经济发展的同时也要考虑长远利益，应走生态优先、绿色发展之路。2016 年召开的推动长江经济带发展座谈会以及 2017 年相关部门联合印发的《长江经济带生态环境保护规划》均强调长江经济带生态环境保护的重要性。在这样的大背景下，对长江经济带进行生态系统健康诊断评价并实现可视化操作有一定的现实意义。

一方面自然生态系统能为人类生存发展提供丰富的物质基础，另一方面人类对自然生态系统的利用和改造又反作用于人类社会，因此维持生态系统的健康成为可持续发展的基本前提。健康的生态系统应当具有稳定性和可持续性，目前学术界普遍认可通过生态系统的活力、组织力、恢复力、生态系统服务功能的维持、管理选择、外部输入减少、对邻近系统的影响及对人类健康的影响等八个方面来衡量生态系统的健康程度，其中前三个方面较为重要。在全球经济飞速发展、科学技术快速提升而生态系统健康状况趋于恶化的情况下，生态系统健康评价在当今社会具有重要的应用价值。

长江经济带作为我国新一轮改革开放实施转型的新区域，不仅具有其独特的地域优势，更具有十足的发展潜力，在我国社会经济发展中起着举足轻重的作用。与此同时，长江经济带也是我国不可或缺的生态安全屏障。2016年1月5日，中共中央总书记、国家主席、中央军委主席习近平在重庆召开推动长江经济带发展座谈会。他强调，长江是中华民族的母亲河，也是中华民族发展的重要支撑。推动长江经济带发展必须从中华民族长远利益考虑，走生态优先、绿色发展之路，使绿水青山产生巨大生态效益、经济效益、社会效益，使母亲河永葆生机活力。长江经济带“共抓大保护、不搞大开发”的生态环境保护就此拉开序幕。《长江经济带生态环境保护规划》明确了长江经济带生态优先、绿色发展的总体战略。[94] 对长江经济带生态系统进行健康诊断评价不仅能为长江经济带生态环境保护提供科学依据，还可为该区域社会经济与资源环境的协同发展提供理论依据与实践指导。

3.2 生态系统服务与生态系统健康关系

生态系统健康的概念是在人类为了解决由社会经济发展导致的生态破坏和环境污染问题，保障生态系统可持续的基础上提出的。从一般生态学意义上的健康来讲，它是指生态系统在人类活动干扰下依然能维持自身结构和功能完整性的能力。而一个健康的生态系统则应在保障生态系统服务功能，满足人类日常所需的前提下，仍然具有维持组织结构、保证生态系统活跃以及在压力状态下自我恢复的能力。评价生态系统健康与否的关键是，在考虑生态系统本身组分、结构和功能的基础上，明确区分生态系统的胁迫状况，对生态系统运行过程中的最危险成分和最关键问题进行识别，并根据已存在或潜在的问题提出相应的调整措施。生态系统健康评价是对生态系统进行开发利用和保护修复的前提保障，对于促进区域可持续发展具有重要意义。

生态系统是否健康主要体现为生态系统组分、结构和可持续利用功能三者的完整性以及能否正常运行，可以通过生态系统恢复性、自我维持能力以及自我调节能力来衡量。这些约束条件一旦被破坏，生态系统就不能自我维持和恢复，无法再提供生态系统服务功能，这时需要通过人为干预和管理来修复。生态系统健康程度是由生态系统服务功能的状况决定的，只有正常提供服务功能的生态系统才是健康的生态系统。因此，要进行生态系统服务评估定量化研究，就必须对研究区域的生态系统健康进行评价，明确生态系统服务功能如何影响其健康水平。

3.3 生态系统健康评价相关研究进展

生态系统健康评价于20世纪80年代进入大众视野，于20世纪90年代逐渐兴起，是当前宏观生态学和生态系统管理研究的热点之一。Rapport等指出可以通过活力（vigor）、组织结构（organization）和恢复力（resilience）三个特征来测度和研究生态、环境及人类可持续发展间的关系[95]；Schaeffer等首次就有关生态系统度量的问题进行了探讨[96]；Spiegel等采用驱动力-压力-状态-暴露-影响-响应模型（DPSEEA）建立评价指标体系，对城市生态系统进行初步研究[97]；Silow等将熵作为生态系统健康评估工具，评估了贝加尔湖的生态系统状态[98]。从研究对象来看，现阶段我国开展的生态系统健康评价主体包含农田、草地、湿地、黄土丘陵、城市以及行政区等。其中以城市生态系统健康评价的研究最为完善，案例也最丰富；草地、农田、黄土丘陵等的生态系统健康评价相对较少。[99]常用的生态系统健康评价指标体系和评价模型如下。

3.3.1 生态系统健康评价指标体系

基于能值的评价指标体系的相关研究有：杨青等人构建了生态安全评价指标，通过人均能值生态赤字/盈余、生态压力指数、生态协调系数、生态足迹多样性指数和生态经济系统发展能力来定量描述生态状况[100]；杜鹏等基于能值分析的可持续发展指标体系选取净能值产出率、能值投入率、环境负载率、能值-货币比、能值使用密度、电力能值使用量比例、基于能值分析的可持续发展指数来弥补生态足迹指数、环境可持续性指数（ESI）、自然资本指数（NCI）的不足[101]；吴超等在城市生态承载力研究中，通过计算能值生态承载力、能值生态足迹、生态赤字/盈余、万元GDP等指标来进行后续分析[102]；贺成龙在流域生态承载力研究中，通过构建生态盈余、生态影响系数、生态平衡时间、生态盈余时间实现定量评价[103]。

基于压力状态响应（PSR）模型构建评价指标体系的研究有：宁立新等在土地利用生态风险评价中确定评价指标包括生态压力指标、生态状态指标、生态响应指标[104]；牛明香等对河口生态系统健康评价指标体系，同样从生态压力指标、生态状态指标、生态响应指标三方面来构建[105]。

关于利用综合评价指标体系的研究有：李志鹏等在进行浙北近海海域生态系统健康评价时考虑整体性、可操作性和层次原则，从水环境、沉积环境和海洋生物多样性三方面进行评价指标筛选[106]；叶达等在对景泰县耕地后备资源进行开发潜力评价时，将生态适宜性、自然适宜性、社会经济适宜性作为准则层的选择评价指标[107]；黄木易等结合安徽省情况，根据"经济-社会-自然"复合系统理论来构建土地生态安全评价指标体系[108]。

3.3.2　生态系统健康评价模型

已有研究表明，现阶段对生态系统健康状况进行评价的模型主要有能量足迹模型、云模型和综合评价模型等。贺成龙基于能量足迹的方法，构建了水电工程能量足迹模型。该模型根据水电工程投入产出特性，将其建设的投入及其负效应产出列入能量足迹占用账户，将其正效应产出列入生态承载力供给账户。[103] 正态云模型是云模型的一种，它能同时考虑数据的模糊性和评价等级的不确定性，对于评价因子等级的划分更加客观，在生态系统健康评价研究中具有显著优势。例如，黄木易等在对安徽省土地生态安全评价研究中使用正态云模型和熵值法获取指标隶属度及权重[108]；周启刚等基于土地利用视角，引入正态云模型，对三峡库区生态风险进行等级划定[109]。利用综合评价模型评价生态系统健康也是热点之一，例如：牛明香等通过综合指数法计算区域生态健康指数，以反映生态系统健康状况[105]；宁立新等采用综合评价模型对江苏省海岸带子区域进行研究[104]。

总体来说，国外生态系统健康评价研究已有较长历史渊源，但由于对相关概念的理解不同、具体生态系统类型和环境特征存在差异等，多种指标体系同时存在。但对评价模型，学者之间则存在普遍共识。典型的生态系统健康评价方法主要有两种：指示物种法和指标体系法。但由于指示物种法具有片面性，无法全面综合反映以人类活动为主导的生态系统健康状况，因此，在生态系统健康评价中使用指标体系法作为唯一方法。确定评价指标体系后，具体的评价模型包括综合指标法和模糊综合评价法。综合指标法能更好地体现评价的综合性、整体性和层次性；而模糊综合评价法能解决模糊性和不确定性问题。[99] 与国外生态系统健康评价研究相比，我国在这方面起步较晚，相关研究还未发展成熟，在理论与方法上缺乏创新，以跟踪国际前沿为主，正处于发展进步的阶段。由于传统评价的模型方法无法兼顾对象的模糊性与随机性，因而引入可以兼顾两者的模型方法，对目标进行定量评价与分析是未来发展趋势之一。

3.4 长江经济带生态系统健康精准感知数据库构建

生态健康问题自产生以来越来越受到广大学者的关注，生态系统健康理念成为生态管理、环境保护和可持续发展的新思路、新方法。越来越多的国家和地区把选择诊断对象，建立生态系统健康的评价体系，作为恢复生态系统或从生态系统健康的角度综合整治环境的重要措施。

长江经济带作为连接我国东中西部长江三角洲城市群、长江中游城市群以及成渝城市群的纽带，是全国高密度的经济走廊之一，同时也是我国重要战略水源地，在水源涵养、水土保持以及生物多样性的维护等方面发挥着不可或缺的作用。综上所述，维护长江经济带的生态环境安全，从国家层面上讲，不仅支撑了全国的生态安全，也为我国经济的可持续发展创造了基础条件。本书将从长江经济带生态系统出发，采用指标体系法，综合考虑长江经济带的自然、经济、社会等多方面的影响因素，诊断与分析长江流域生态系统的健康状况，提供一份系统、客观的长江经济带生态系统健康诊断报告，以加强长江经济带生态系统保护与恢复，推进长江经济带生态可持续发展。

3.4.1 数据库指标选取

评价指标法的关键是如何选择和建立适宜的指标体系，国内外文献对于经济带生态系统健康评价应包含的指标并没有达成共识。本书以长江经济带为研究对象，以城市群为研究尺度，采用指标体系法，参考相关研究[110]，考虑指标选取的综合性、代表性、可比性和可操作性，基于生态系统健康评价的目的，从生态系统的活力、组织力、恢复力、生态系统服务功能和人群健康状况五个方面出发，从生态系统服务功能的角度，按照城市可持续发展指标、生态城市指标等对长江经济带的实际情况进行考量，根据已有研究成果，最终确定长江经济带城市生态系统健康诊断指标。长江经济带生态系统健康诊断评价指标数据来源于2000年、2009年和2018年长江经济带各省市统计年鉴、中国统计年鉴、中国生态环境状况公报、住房和城乡建设部文书及公告、中国国民经济和社会发展公报等相关资料。所有指标均由直接查询或二次计算而得，具有可靠性和权威性。

另外，为了减少主观性，避免诊断结果有较大的误差，本书使用SPSS数据处理软件对数据进行加工，基于主成分中贡献率的大小，最终确定24个对生态系统健康评价最具价值的指标，组成城市生态系统健康评价指标体系。诊断指标体系划分为5个主要素，13个因素，共涵盖24个指标。

3.4.2 长江经济带生态系统健康评价模型构建

长江经济带生态系统健康评价指标确定后，需要明确各项指标的健康标准，如此才能对长江经济带的生态系统的健康状况进行诊断。针对5个主要素所涵盖的内容提出相应的评价指标，本书引入生态医学的理论，将城市生态健康状况划分为病态、不健康、亚健康、健康、很健康5个等级。参考国内外公认的生态城市、健康城市、园林城市以及环保城市的相关城市指数，并将其作为很健康标准值；病态的限定值以我国发布的中国城市年鉴中城市同类指标的全国最低值为准；以健康指数为基础向下浮动20%作为健康和亚健康的标准值；以病态标准为基础向上浮动20%作为不健康和亚健康的标准值。对以上标准进行调整后得到的最终结果见表3.1。

表 3.1　长江经济带城市生态系统健康评价指标体系及诊断标准

目标层	准则层	序号	指标层	单位	诊断标准					指标类别
					病态（Ⅰ）	不健康（Ⅱ）	亚健康（Ⅲ）	健康（Ⅳ）	很健康（Ⅴ）	
长江经济带生态系统健康评价指标体系	活力（V）	X1	地区人均GDP	万元	<0.7	0.7～3.9	4.0～7.9	8～12	>12	+
		X2	年GDP增长率	%	<2	2～5.9	6～7.9	8～10	>10	+
		X3	单位GDP能耗	t标准煤/万元	>2	1.5～2	1～1.4	0.5～0.9	<0.5	–
		X4	COD排放量	万t	>12	10～12	8～9.9	6～7.9	<6	–
		X5	单位播种面积农药使用量	t/hm^2	>0.060	0.020～0.060	0.010～0.019	0.005～0.009	<0.005	–
		X6	人均公共绿化面积	m^2	<7	7～9.9	10～15.9	16～20	>20	+
	组织力（O）	X7	森林覆盖率	%	<20	20～29.9	30～39.9	40～50	>50	+
		X8	人均耕地面积	hm^2	<0.05	0.05～0.09	0.10～0.14	0.15～0.20	>0.2	+
		X9	建设用地比重	%	>20	15～20	10～14.9	5～9.9	<5	–
		X10	人口自然增长率	%	>1.10	0.90～1.10	0.70～0.89	0.50～0.70	<0.50	–
		X11	人口密度	人/km^2	<300	300～599.9	600～999.9	1000～2000	>2000	+
		X12	第三产业占GDP比重	%	<30	30～39.9	40～59.9	60～80	>80	+
		X13	城镇登记失业率	%	>48	36～48	30～35.9	12～29.9	<12	–
	恢复力（R）	X14	城市污水处理率	%	<40	40～49.9	50～64.9	65～80	>80	+
		X15	生活垃圾无害化处理率	%	<30	30～49.9	50～69.9	70～90	>90	+
		X16	环境污染治理投资占比	%	<0.5	0.5～0.9	1～1.4	1.5～2.5	>2.5	+
		X17	自然保护区面积比例	%	<3	3～5.9	6～8.9	9～15	>15	+
	生态系统服务（S）	X18	人均粮食占有量	kg	<500	500～699.9	700～799.9	800～1000	>1000	+
		X19	区域昼间平均等效噪声	dB	>75	60～75	50～59.9	45～49.9	<45	–
		X20	空气质量好于二级以上天数比例	%	<20	20～39.9	40～59.9	60～80	>80	+
		X21	人均可支配收入	元	<4500	4500～7999.9	8000～11999.9	12000～16000	>16000	+
	人群健康（P）	X22	万人拥有执业（助理）医师人数	人	<55	55～74.9	75～94.9	95～100	>100	+
		X23	死亡率	%	>15	12～15	10～11.9	8～9.9	<8	–
		X24	万人拥有高等学历人数	人	<360	360～579.9	580～999.9	1000～1500	>1500	+

3.5 长江经济带生态系统健康诊断评价

3.5.1 长江经济带生态系统健康诊断评价模型构建

1.评价指标权重确定

评价指标所占的权重直接影响着最终诊断结果，目前确定指标权重的方法主要有Delphi法、层次分析法、均方差法和熵值法等。其中，Delphi法、层次分析法主观性较强，有时与实际情况有所偏差，而熵权法是利用各指标的熵值所提供的信息量的大小来决定指标权重的方法，具有较强的客观性，在一定程度上避免了人为的主观臆断，使诊断结果更符合实际。因此本书选取熵值法作为确定指标权重的方法，相关计算步骤如下。

（1）以m个城市的n个评价指标建立生态系统健康诊断矩阵$X=(x_{ij})$，其中$i=1,2,\cdots,n$；$j=1,2,\cdots,m$。

（2）做归一化处理，求取判断矩阵K。由于各指标单位不同，赋予指标权重前需要去量纲化处理。本章采用极值归一化方法对各项指标的数据进行预处理，将指标划分为越大越优型和越小越优型，按以下方法进行矩阵K的标准化处理，公式如下。

对于数值越大越优的指标：

$$r_{ij}=\frac{x_{ij}-\min\left(x_i\right)}{\max\left(x_i\right)-\min\left(x_i\right)} \tag{3.1}$$

对于数值越小越优的指标：

$$r_{ij}=\frac{\max\left(x_i\right)-x_{ij}}{\max\left(x_i\right)-\min\left(x_i\right)} \tag{3.2}$$

（3）计算各指标的熵值：

$$e_i=-\frac{\sum_{j=1}^{m} f_{ij}\ln f_{ij}}{\ln m} \tag{3.3}$$

$$f_{ij}=-\frac{r_{ij}}{\sum_{j=1}^{m} r_{ij}}\left(0\leqslant f_{ij}\leqslant 1\right) \tag{3.4}$$

式中，e_i为第i个指标的熵；f_{ij}为第i个指标第j年标准值所占比重；当$f_{ij}=0$时，$\ln f_{ij}$无意义，则用 0.00001 来代替进行计算。

（4）确定各项指标的权重：

$$w_i = \frac{1-e_i}{\sum_{i=1}^{n}\left(1-En_j\right)} \tag{3.5}$$

式中，w_i为第i个指标的熵权，即权重$(0 \leqslant w_i \leqslant 1, \sum_{i}^{n} w_i = 1)$。

（5）各项指标权重计算结果见表3.2。

表3.2　长江经济带城市生态系统健康评价指标权重

活力(V)		组织力(O)		恢复力(R)		生态系统服务(S)		人群健康(P)	
W=0.2016		W=0.3742		W=0.1116		W=0.2021		W=0.1105	
指标	权重	指标	权重	指标	权重	指标	权重	指标	权重
X1	0.0808	X7	0.0330	X14	0.0203	X18	0.0250	X22	0.0400
X2	0.0173	X8	0.0875	X15	0.0191	X19	0.0200	X23	0.0351
X3	0.0190	X9	0.0150	X16	0.0307	X20	0.0619	X24	0.0354
X4	0.0431	X10	0.0452	X17	0.0415	X21	0.0952		
X5	0.0199	X11	0.1412						
X6	0.0215	X12	0.0296						
		X13	0.0227						

2. 正态云模型基本原理

正态云模型是李德毅于1995年提出的一种模糊数学模型，有利于解决概念的随机性和模糊性问题，实现定性和定量概念之间的不确定性转换。近年来，正态云模型提供了一种用于获得隶属度的模糊数学方法，已被应用于各个领域的研究。首先，计算每个指标不同级别的隶属度；其次，根据正态云模型的最大隶属度原理，确定每个指标对应的诊断等级。鉴于区域生态健康诊断定量过程的模糊性和随机性，本书在正态云模型的基础上建立了长江经济带生态系统健康诊断评价模型。

本书使用(Ex,En,He)特征数值来计算云滴，重复n次。具体算法如下。

（1）初次生成正态随机函数$En_i' = Norm(En, He^2)$，其中，En表示期望，He^2代表方差。

（2）再生成正态随机函数$x_i = Norm(Ex, En_i'^2)$，其中Ex和$En_i'^2$分别表示期望和方差。

（3）计算：

$$\mu_i = \exp\left[-\frac{\left(x_i - E_x\right)^2}{2En_i'^2}\right] \tag{3.6}$$

（4）坐标(x_i, μ_i)代表一个云滴。

（5）重复上述步骤，直到产生设定的n个云滴为止。

3. 长江经济带生态系统健康正态云模型诊断步骤

（1）构建生态系统健康状况诊断的因素集，因素集为$A=\{a_1,a_2,a_3,\cdots,$

$a_n\}$，诊断集为$B=\{b_1,b_2,b_3,\cdots,b_m\}$。

（2）建立模糊关系矩阵R。R中元素r_{ij}表示诊断对象因素集A中第i个元素对于诊断集B中第j个等级的隶属度。由正态云模型的概念可求云滴的特征值(Ex,En,He)如下。

设定诊断等级数值上下限，由于单一诊断客体在两个诊断等级之间存在模型，由此：

$$Ex_{ij}=\left(x_{ij}^{上}-x_{ij}^{下}\right)/2 \tag{3.7}$$

式中，i为各项评价指标，j为对应的诊断等级；Ex_{ij}为期望，$x_{ij}^{上}$和$x_{ij}^{下}$为各评价指标对应诊断等级区间的上下限。参数i的隶属度的上下边界值是两种等级之间的中间值，应同属于相邻两种等级，由此：

$$\exp\left(-\frac{x_{ij}^{上}-x_{ij}^{下}}{8En_{ij}^{2}}\right)=0.5 \tag{3.8}$$

$$En_{ij}=\left(x_{ij}^{上}-x_{ij}^{下}\right)/2.355 \tag{3.9}$$

$$He=k \tag{3.10}$$

式中，En_{ij}为对应评价指标在当前诊断等级下的熵。

超熵He表示云滴的汇集程度或离散程度，在正态云模型的云滴中表现为云的厚度。超熵取值由多次实验所得，本书超熵取值为0.1。

（3）建立隶属度矩阵U。对于每个待诊断对象，根据各指标的数据，利用正向云发生器，由公式（3.6）确定指标i对应诊断等级j的隶属度μ_{ij}，构成隶属度矩阵$U=(\mu_{ij})_{n\times m}$。

（4）利用权重向量W与隶属度矩阵U进行模糊转换，得出诊断集B的模糊子集C。

$$C=WU=\left(c_1,c_2,c_3\cdots,c_m\right) \tag{3.11}$$

式中，$C_j=\sum_{i=1}^{n}w_j\mu_{ij}$ $(j=1,2,3,\cdots,m)$，表示待诊断对象指标i对第j条评语的隶属度。再根据最大隶属度原则，选择最大隶属度对应的等级作为长江经济带生态系统健康诊断的综合诊断结果。

3.5.2 长江经济带生态系统健康诊断结果

借助长江经济带生态系统健康评价指标体系及诊断标准，利用公式（3.8）和公式（3.9）构建各指标对应每个等级的隶属云，得到各指标正态云模型的等级标准，如表3.3所示。

表 3.3　长江经济带生态系统健康不同等级正态云隶属度（Ex，En，He）

评价指标	诊断等级				
	病态	不健康	亚健康	健康	很健康
X1	(0.35, 0.2972, 0.1)	(2.35, 1.4013, 0.1)	(6, 1.6985, 0.1)	(10, 1.6985, 0.1)	(14, 1.6985, 0.1)
X2	(1, −0.8493, 0.1)	(4, 1.6985, 0.1)	(7, 0.8493, 0.1)	(9, 0.8493, 0.1)	(11, 0.8493, 0.1)
X3	(2.25, 0.2123, 0.1)	(1.75, 0.2123, 0.1)	(1.25, 0.2123, 0.1)	(0.75, 0.2123, 0.1)	(0.25, 0.2123, 0.1)
X4	(13, 0.8493, 0.1)	(11, 0.8493, 0.1)	(9, 0.8493, 0.1)	(7, 0.8493, 0.1)	(5, 0.8493, 0.1)
X5	(0.07, 0.0085, 0.1)	(0.04, 0.1070, 0.1)	(0.015, 0.0042, 0.1)	(0.0075, 0.0021, 0.1)	(0.0025, 0.0021, 0.1)
X6	(3.5, 2.9724, 0.1)	(8.5, 1.2739, 0.1)	(13, 2.5478, 0.1)	(18, 1.6985, 0.1)	(22, 1.6985, 0.1)
X7	(15, 4.2463, 0.1)	(25, 4.2463, 0.1)	(35, 4.2463, 0.1)	(45, 4.2463, 0.1)	(55, 4.2463, 0.1)
X8	(0.025, 0.0212, 0.1)	(0.075, 0.0212, 0.1)	(0.125, 0.0212, 0.1)	(0.175, 0.0212, 0.1)	(0.225, 0.0212, 0.1)
X9	(37.5, 6.3694, 0.1)	(25, 4.2463, 0.1)	(15, 2.1231, 0.1)	(7.5, 2.1231, 0.1)	(2.5, 2.1231, 0.1)
X10	(1.2, 0.0849, 0.1)	(1.0, 0.0849, 0.1)	(0.8, 0.0849, 0.1)	(0.6, 0.0849, 0.1)	(0.4, 0.0849, 0.1)
X11	(150, 127.3885, 0.1)	(450, 127.3885, 0.1)	(800, 169.8514, 0.1)	(2000, 849.2569, 0.1)	(400 0, 849.2569, 0.1)
X12	(20, 8.4926, 0.1)	(35, 4.2463, 0.1)	(50, 8.4926, 0.1)	(70, 8.4926, 0.1)	(90, 8.4926, 0.1)
X13	(54, 5.0955, 0.1)	(42, 5.0955, 0.1)	(33, 2.5478, 0.1)	(21, 7.6433, 0.1)	(6, 5.0955, 0.1)
X14	(30, 8.4926, 0.1)	(45, 4.2463, 0.1)	(57.5, 6.3694, 0.1)	(72.5, 6.3694, 0.1)	(90, 3.6062, 0.1)
X15	(20, 8.4926, 0.1)	(40, 8.4926, 0.1)	(60, 8.4926, 0.1)	(80, 8.4926, 0.1)	(95, 4.2463, 0.1)
X16	(0.25, 0.2123, 0.1)	(0.75, 0.2123, 0.1)	(1.25, 0.2123, 0.1)	(2, 0.4246, 0.1)	(3, 0.4246, 0.1)
X17	(1.5, 1.2739, 0.1)	(4.5, 1.2739, 0.1)	(7.5, 1.2739, 0.1)	(12, 2.5478, 0.1)	(16.5, 1.2739, 0.1)
X18	(400, 84.9257, 0.1)	(600, 84.9257, 0.1)	(750, 42.4628, 0.1)	(900, 84.9257, 0.1)	(1100, 84.9257, 0.1)
X19	(82.5, 6.3694, 0.1)	(67.5, 6.3694, 0.1)	(55, 4.2463, 0.1)	(47.5, 2.1231, 0.1)	(37.5, 6.3694, 0.1)
X20	(10, 8.4926, 0.1)	(30, 8.4926, 0.1)	(50, 8.4926, 0.1)	(70, 8.4926, 0.1)	(90, 8.4926, 0.1)
X21	(3500, 849.2569, 0.1)	(7250, 2335.4565, 0.1)	(20 000, 8492.5690, 0.1)	(40 000, 8492.5690, 0.1)	(60 000, 8492.5690, 0.1)
X22	(45, 8.4926, 0.1)	(65, 8.4926, 0.1)	(85, 8.4926, 0.1)	(97.5, 2.1231, 0.1)	(110, 8.4926, 0.1)
X23	(16, 0.8493, 0.1)	(13.5, 1.2739, 0.1)	(11, 0.8493, 0.1)	(9, 0.8493, 0.1)	(6, 1.6985, 0.1)
X24	(230, 100.4034, 0.1)	(470, 93.4183, 0.1)	(790, 178.3439, 0.1)	(1250, 212.3142, 0.1)	(1750, 212.3142, 0.1)

根据表 3.3 中每个指标各等级对应的隶属度，通过MATLAB软件编程，我们可以获得每个评价指标的正态云模型。限于篇幅，本书从每个子系统中选择一些指标，以地区人均GDP、森林覆盖率、城镇登记失业率、城市污水处理率、人均粮食占有量和万人拥有执业（助理）医师人数的正态云模型为例，如图 3.1 至图 3.6 所示。

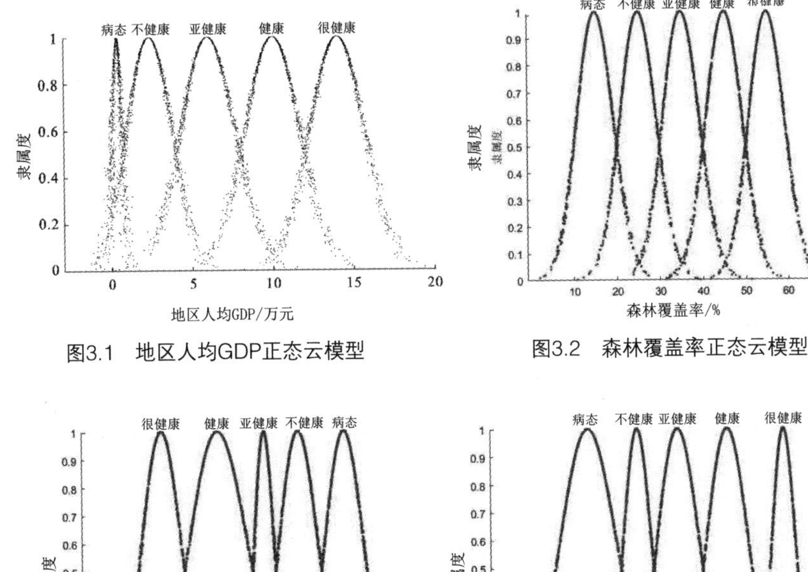

图3.1　地区人均GDP正态云模型

图3.2　森林覆盖率正态云模型

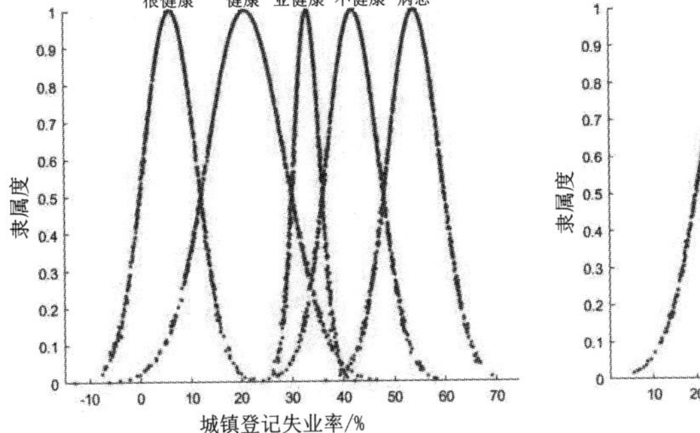

图3.3　城镇登记失业率正态云模型

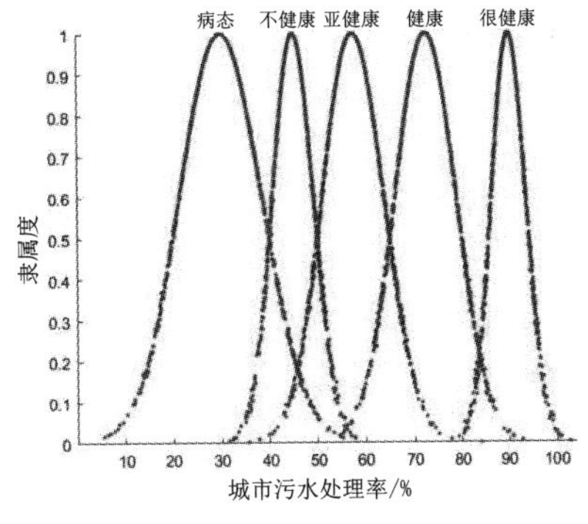

图3.4　城市污水处理率正态云模型

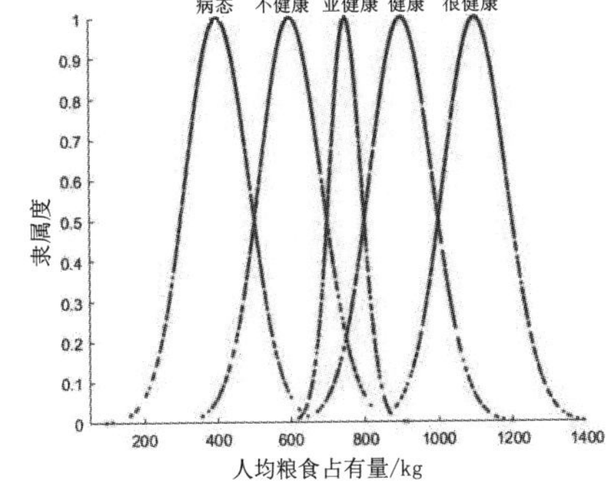

图3.5　人均粮食占有量正态云模型

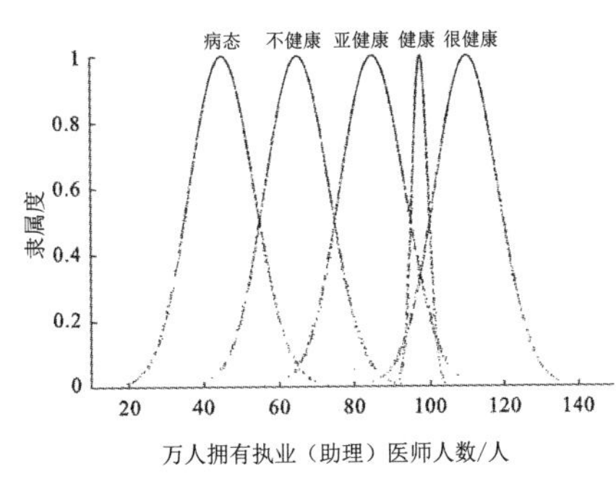

图3.6　万人拥有执业（助理）医师人数正态云模型

选择 2000 年、2009 年和 2018 年长江经济带 11 个省市的各项指标数据，并根据正态云模型诊断步骤代入正向云生成器，确定与各个级别相对应的各项指标的云确定度，并建立隶属度矩阵U。根据公式（3.11），使用各指标的隶属度矩阵U和权重向量W进行模糊转换，得到诊断集B的模糊子集C，得到综合隶属度，然后根据最大隶属度的原理，选择与最大隶属度相对应的第j个诊断等级作为综合诊断结果，见表 3.4。

表 3.4　2000 年、2009 年、2018 年长江经济带 11 个省市生态系统健康诊断结果

省市	2000 年各省市生态系统健康隶属度					等级	2009 年各省市生态系统健康隶属度					等级	2018 年各省市生态系统健康隶属度					等级
	Ⅰ	Ⅱ	Ⅲ	Ⅳ	Ⅴ		Ⅰ	Ⅱ	Ⅲ	Ⅳ	Ⅴ		Ⅰ	Ⅱ	Ⅲ	Ⅳ	Ⅴ	
上海	0.1324	0.2355	0.2173	0.2329	0.2506	Ⅴ	0.1325	0.1371	0.2930	0.2271	0.3279	Ⅴ	0.1401	0.1634	0.1560	0.1336	0.4540	Ⅴ
江苏	0.1487	0.4137	0.3378	0.1871	0.1498	Ⅱ	0.1780	0.2987	0.4479	0.1518	0.1700	Ⅲ	0.1400	0.2221	0.3989	0.3124	0.1726	Ⅲ
浙江	0.2160	0.4352	0.1790	0.1963	0.2064	Ⅱ	0.1613	0.3378	0.3092	0.2044	0.2062	Ⅱ	0.1365	0.2348	0.3017	0.2501	0.2989	Ⅲ
安徽	0.2664	0.5011	0.1986	0.2175	0.1311	Ⅱ	0.1403	0.4272	0.3184	0.1981	0.1634	Ⅱ	0.1039	0.3592	0.3403	0.3615	0.1345	Ⅳ
江西	0.4193	0.3241	0.1540	0.1334	0.1808	Ⅰ	0.2432	0.3036	0.2780	0.1989	0.1668	Ⅱ	0.1592	0.1527	0.2818	0.2420	0.1692	Ⅲ
湖北	0.3195	0.4632	0.1990	0.1783	0.1250	Ⅱ	0.2321	0.3629	0.2935	0.1736	0.1667	Ⅱ	0.1364	0.2749	0.3715	0.3396	0.1463	Ⅲ
湖南	0.3562	0.3895	0.1604	0.1871	0.1388	Ⅱ	0.2427	0.3742	0.2711	0.1848	0.1488	Ⅱ	0.1771	0.3191	0.2664	0.3090	0.1595	Ⅱ
重庆	0.3021	0.4093	0.1873	0.1686	0.1643	Ⅱ	0.1605	0.2923	0.2702	0.2182	0.2487	Ⅱ	0.1300	0.3071	0.2701	0.3296	0.2129	Ⅴ
四川	0.3824	0.3296	0.1920	0.1994	0.1636	Ⅰ	0.2672	0.2945	0.2887	0.1387	0.1767	Ⅱ	0.2767	0.1781	0.3679	0.2660	0.2073	Ⅲ
云南	0.3726	0.3709	0.1991	0.1023	0.1727	Ⅰ	0.2281	0.1779	0.3193	0.2101	0.2215	Ⅲ	0.2142	0.1943	0.3196	0.2579	0.2421	Ⅲ
贵州	0.4414	0.3032	0.1373	0.0931	0.1740	Ⅰ	0.2587	0.2035	0.2776	0.1785	0.2266	Ⅲ	0.2462	0.2177	0.2891	0.2852	0.1968	Ⅲ

3.5.3 长江经济带生态系统健康诊断结果分析

1. 长江经济带生态系统健康指标权重分析

由表3.2中各评价指标的权重可知，人口密度（0.1412）、人均可支配收入（0.0952）、人均耕地面积（0.0875）、地区人均GDP（0.0808）所占的比重较大，表明人口密度、人均可支配收入、人均耕地面积、地区人均GDP是影响长江经济带生态系统健康的主要因素；且人均可支配收入、人均耕地面积、地区人均GDP这3个指标都是正向指标，表明这三者的值越大，长江经济带生态系统越健康。生活垃圾无害化处理率（0.0191）、单位GDP能耗（0.0190）、年GDP增长率（0.0173）、建设用地比重（0.0150）所占的比重较小，表明这四者对长江经济带生态系统健康的影响程度相对较小；其中单位GDP能耗、建设用地比重是逆向指标，表明单位GDP能耗和建设用地比重越大，长江经济带生态系统健康状况越差。

2. 长江经济带生态系统健康诊断结果

根据构建的正态云模型，本书对长江经济带的生态系统健康进行诊断，并以诊断结果为依据对其进行等级划分。长江经济带生态系统健康诊断结果如图3.7所示。2000年长江经济带生态系统主要处于不健康和病态状态，分别占比55%和36%；2009年以不健康和亚健康状态为主，分别占比64%和27%；2018年以亚健康和健康状态为主，分别占比64%和18%。

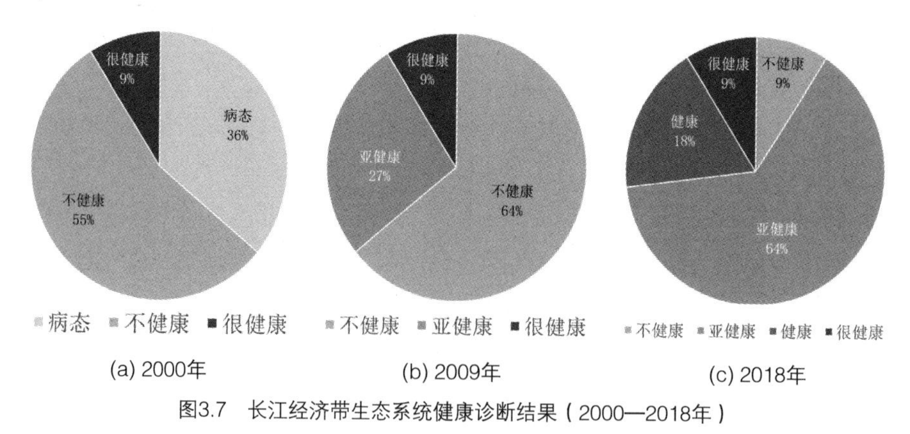

图3.7 长江经济带生态系统健康诊断结果（2000—2018年）

由图3.8可知，2000年长江经济带生态系统健康状况在空间上呈现出如下特征。在华东地区和华中地区，除了江西的生态系统健康状况为病态以及上海的生态系统健康状况为很健康，其余各省市的生态系统健康状况均为不健康；在西南地区，除了重庆的生态系统健康状况为不健康，其余各省市的生态系统健康状况均为病态。2009年，这种空间差异进一步缩小，长江经济带的生态系统健康状况普遍趋于不健康。除了研究区东北角的江苏、上海和研究区西南角的云南、贵州，其余各省市的生态系统健康状况均为不健康。其中，研究区东北角的江苏和西南角的云南、贵州的生态系统健康状况为亚健康，研究区东北角的上海的生态系统健康状况为很健康。2018年，长江经济带生态系统健康状况的内部分异已经缩小，整个研究区的生态系统健康状况普遍趋于亚健康，除了湖南的生态系统健康状况仍然为不健康以及上海的生态系统健康状况仍然为很健康，重庆和安徽的生态系统健康状况为健康，其余各省市的生态系统健康状况均为亚健康。

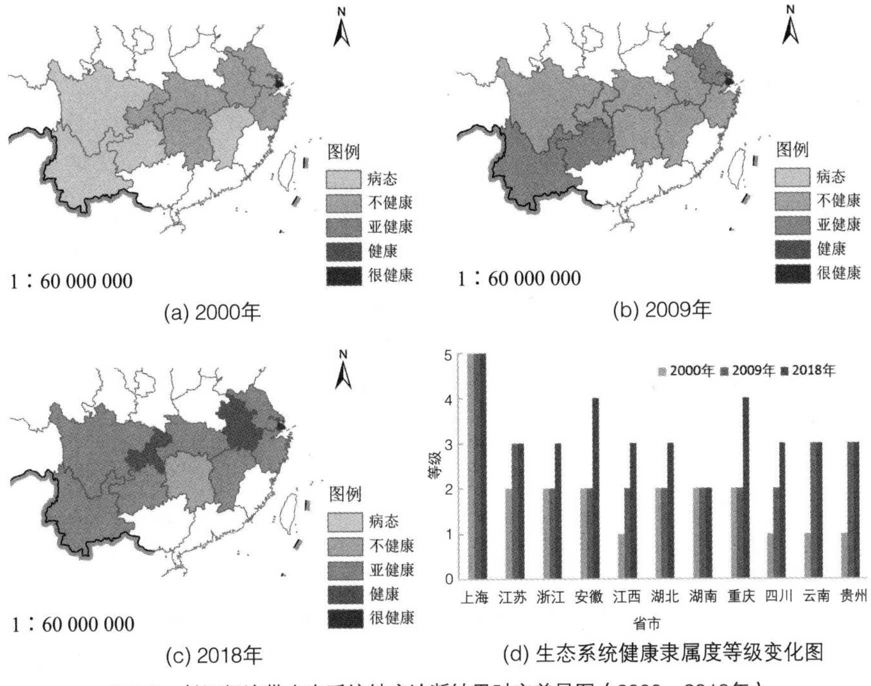

图3.8 长江经济带生态系统健康诊断结果时空差异图（2000—2018年）

由图3.8（d）可知，比较2000年与2009年的数据，长江经济带共计5个省市的生态系统健康状况发生了变化，且诊断结果均有提升，没有出现下降的情况。这5个省市分别为江苏、江西、四川、云南和贵州。江苏的生态系统健康状况由不健康变为亚健康，江西、四川的生态系统健康状况由病态变为不健康，均提升了一个等级；云南、贵州的生态系统健康状况由病态变为亚健康，均提升了两个等级，变化幅度较大。比较2009年与2018年的数据，长江经济带共计6个省市的生态系统健康状况发生了变化，同样，诊断结果均为提升，没有出现下降的情况。诊断等级提升的6个省市分别为浙江、安徽、江西、湖北、重庆、四川。浙江、江西、湖北、四川的生态系统健康状况由不健康变为亚健康，均提升了一个等级；安徽、重庆的生态系统健康状况由不健康变为健康，均提升了两个等级，变化幅度较大。

3. 长江经济带生态系统活力子系统健康诊断结果

在一定范围内生态系统的能量输入越多，物质循环越快，活力就越大。由图3.9可知，2000年长江经济带活力子系统健康状况基本处于亚健康及以下水平，且健康状况以病态居多。2009年活力子系统健康状况虽以不健康居多，但除云南、湖北，2000—2009年活力子系统健康状况均呈上升趋势。2018年11个省市的活力子系统健康状况基本达到亚健康及以上水平，浙江、江苏的活力子系统健康状况仍分别保持2009年的健康和亚健康水平，上海的活力子系统健康状况达到了较佳的状态，其他省市的活力子系统健康状况均为亚健康。从区域空间分布来看，在2000年、2009年、2018年这三个时间节点上，11个省市活力子系统健康诊断结果的变化均比较大。上海的隶属度从0.4586上升到0.7151，说明其活力子系统健康状况较好。比较2009年与2018年的数据，江苏的活力子系统健康状况虽保持在亚健康，但其隶属度却有下降的趋势，从0.5452下降至0.4723，说明江苏应增加能量的输入，加速物质循环。浙江的活力子系统健康状况由2000年的不健康提升到2018年的健康，隶属度也从0.4862上升到0.6538，此后应保持稳定向好的趋势。安徽的活力子系统健康状况从2000年的病态，提升到2018年的亚健康，隶属度也从0.4523上升到0.6131。江西、湖南、重庆、四川、贵州以及云南的活力子系统状况基本和安徽一致：湖北变化幅度大，且在2009年有下降趋势，在2018年又提升到亚健康水平；云南在前两个时间节点的健康状况基本无变化，均为不健康，2018年上升到亚健康，其活力子系统需要得到进一步维护，提高其健康水平。

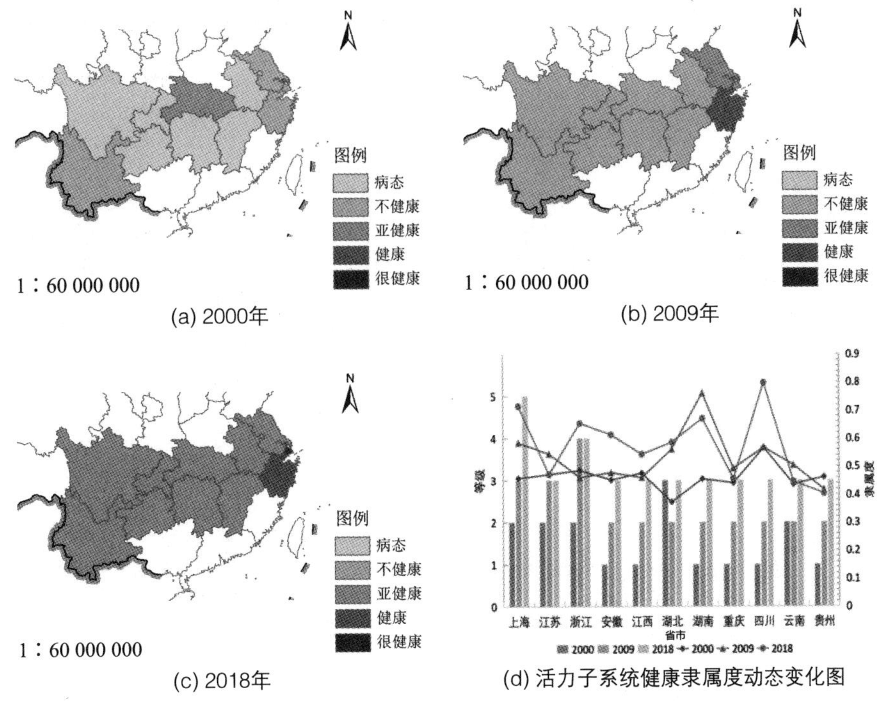

图3.9 长江经济带生态系统活力子系统健康诊断结果图（2000—2018年）

组织力是指生态系统结构的复杂性，该特征会随生态系统的演替而发生变化。由图3.10可知，比较2000年、2009年、2018年这三个时间节点，可以发现四川、云南、贵州的组织力子系统均为病态，无变动：四川在病态的隶属度由0.4806上升至0.5647，云南在病态的隶属度从0.5654下降至0.4519，贵州在病态的隶属度由0.6166下降到0.4669。湖南、重庆、湖北、安徽、浙江5个省市这3年都处于不健康的状态：湖南在不健康的隶属度由0.4095上升至0.4947，重庆在不健康的隶属度从0.5730下降至0.5527，湖北在不健康的隶属度从0.5871下降至0.4601，安徽在不健康的隶属度从0.7222下降至0.6519，浙江在不健康的隶属度从0.6094下降至0.4732。江苏一直处于亚健康，其在亚健康的隶属度由0.5305上升到0.6132。上海健康状况较为理想，从2000年的健康进一步提升至2009年和2018年的很健康，达到了理想的状态。

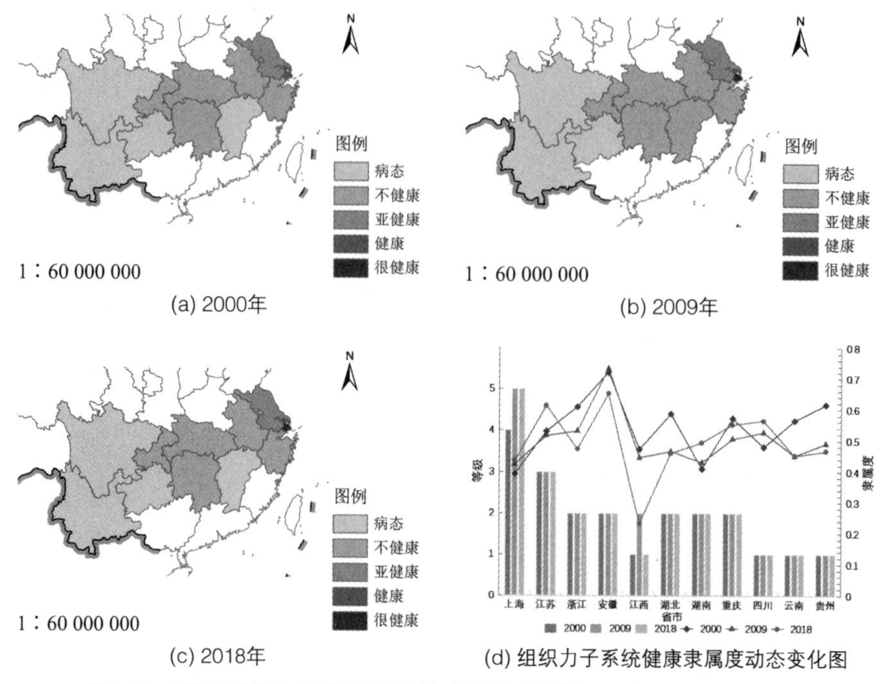

(a) 2000年　(b) 2009年

(c) 2018年　(d) 组织力子系统健康隶属度动态变化图

图3.10　长江经济带生态系统组织力子系统健康诊断结果图（2000—2018年）

由图3.11可知，在2000年、2009年、2018年这三个节点间长江经济带各省市的生态系统恢复力子系统健康诊断结果大部分为不健康、亚健康和健康：2000—2009年，诊断结果为病态的省市数量逐渐减少；2018年来，出现了诊断等级为很健康的省市。2000—2018年各省市的生态系统恢复力子系统健康诊断结果变化幅度较大，但2009年和2018年的健康诊断结果相较于2000年整体向好。

从区域空间分布来看，比较2000年与2009年，江苏、浙江、湖南、重庆、四川等省市的隶属度上升，其诊断结果上升或者不变，唯有上海的隶属度由2000年的0.3049上升到2009年的0.4118，但是其诊断结果却由2000年的亚健康降低为2009年的不健康。安徽、江西、湖北、云南、贵州的隶属度下降，但其诊断等级不变或者上升。比较2009年与2018年，安徽、湖南、重庆、贵州的隶属度下降，其诊断结果也下降。浙江、湖北、江苏、云南的隶属度下降，但其诊断结果不变或者上升。其他各省市的隶属度上升，其诊断结果保持不变或者有所上升。综上，2009年长江经济带生态系统恢复力子系统健康状况较之前有所改善和提升，2018年长江经济带生态系统恢复力子系统健康状况变化比较明显。2000—2018年长江经济带生态系统恢复力子系统健康状况整体表现不佳，但是大部分省市实施各项治理措施，努力改善本地区的生态系统健康状况，生态系统恢复力子系统明显有所提升。

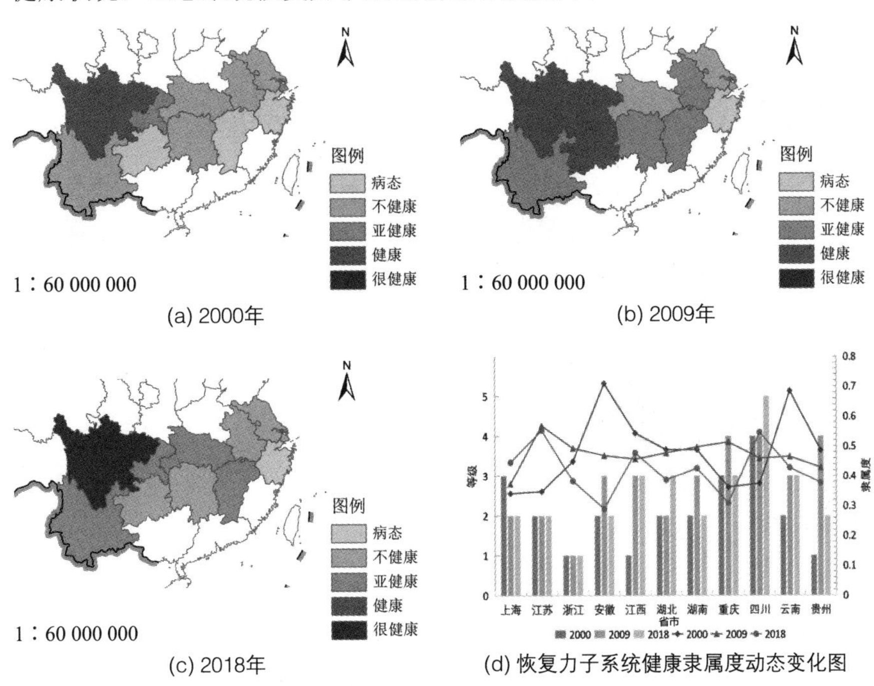

图3.11　长江经济带生态系统恢复力子系统健康诊断结果图（2000—2018年）

生态系统提供的服务功能通过环境质量、民生改善两个方面来体现。由图3.12可知，比较2000年与2009年，长江经济带各省市生态系统的生态系统服务子系统诊断结果只有上海市由原来的很健康等级下降为亚健康等级，其他各省市的诊断结果均由不健康等级提升为亚健康等级；比较2009年与2018年长江经济带生态系统的生态系统服务子系统诊断结果表现出较高水平，其中江苏、安徽、云南等各省市的诊断结果均由亚健康等级提升为健康等级，上海、浙江由原来的亚健康等级提升为很健康等级，变化尤为明显。总体上，2000—2018年长江经济带生态系统的生态系统服务子系统健康状况较好。

从区域空间分布来看，长江经济带各省市在2000年、2009年、2018年中各年生态系统的生态系统服务子系统健康诊断结果主要处于不健康、亚健康、健康等级。比较2000年与2009年，江苏、湖南、重庆、四川以及贵州等省市的隶属度总体呈下降趋势，但其诊断结果呈上升趋势；除了上海的诊断结果下降，其他各省市的诊断结果均呈上升趋势。比较2009年与2018年，江西、云南、贵州的隶属度下降，但其诊断结果呈上升趋势，其他各省市的隶属度上升，其诊断结果也上升。

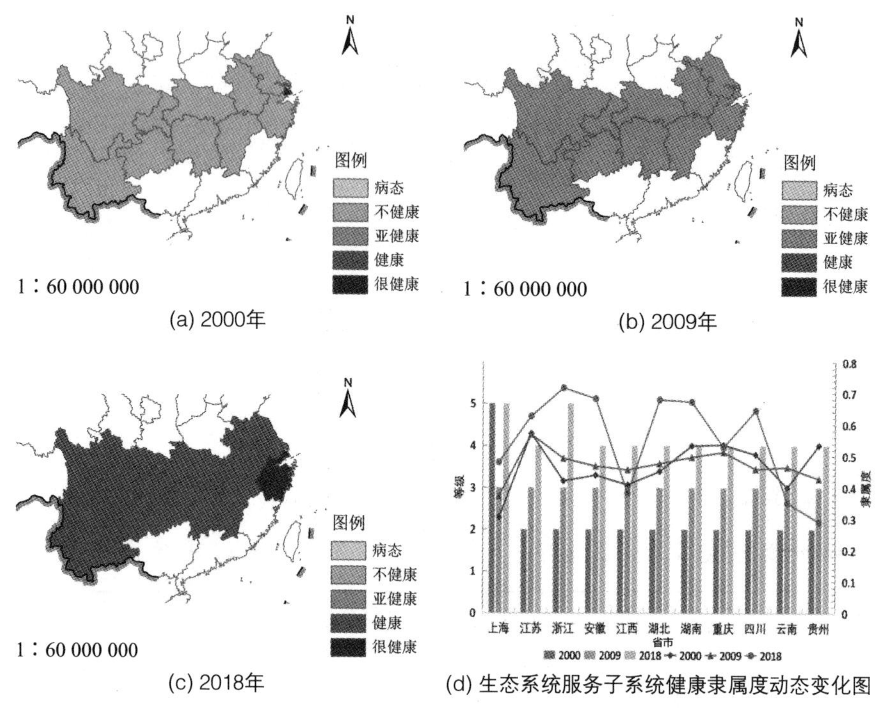

图3.12　长江经济带生态系统的生态系统服务子系统健康诊断结果图（2000—2018年）

人群健康通过生活状况和文化教育水平两个方面来反映。由图 3.13 可知，在 2000 年、2009 年、2018 年三个时间节点上，长江经济带各省市的生态系统人群健康子系统诊断结果整体位于病态、很健康、亚健康水平。比较 2000 年与 2009 年，诊断结果总体上呈上升趋势，上海、重庆、四川、云南、贵州的诊断结果上升为很健康，浙江的诊断结果上升为不健康，变化较小；江苏的评价结果由很健康下降为病态；其他各省市的诊断结果没有变化，依旧是最低的病态等级。比较 2009 年与 2018 年，诊断结果总体上呈下降趋势，在诊断结果中只有江西没有变化，上海、重庆、四川、云南以及贵州的诊断结果均有所下降，但江苏、安徽、湖北、湖南、浙江诊断结果上升。这表明 2000—2018 年，长江经济带生态系统人群健康子系统健康状况整体一般：比较 2000 年与 2009 年，长江经济带生态系统人群健康子系统健康状况明显变好；比较 2009 年与 2018 年，因经济的快速发展，长江经济带生态系统人群健康子系统健康状况反而呈下降趋势。

从区域空间分布来看，在比较 2000 年与 2009 年长江经济带各省市的生态系统人群健康子系统诊断结果中，湖南、重庆、四川、云南、贵州的隶属度下降，湖北的隶属度基本不变，其他各省市的隶属度上升。

比较 2009 年与 2018 年，上海、江苏、浙江、湖南、重庆、四川、云南、贵州的隶属度上升，安徽、江西、湖北的隶属度下降。2009 年之前，人群健康子系统诊断结果上升的省市在 2009 年之后又呈现下降趋势；而 2009 年之前，人群健康子系统诊断结果变化不大的省市在 2009 年之后又呈现良好的上升趋势。

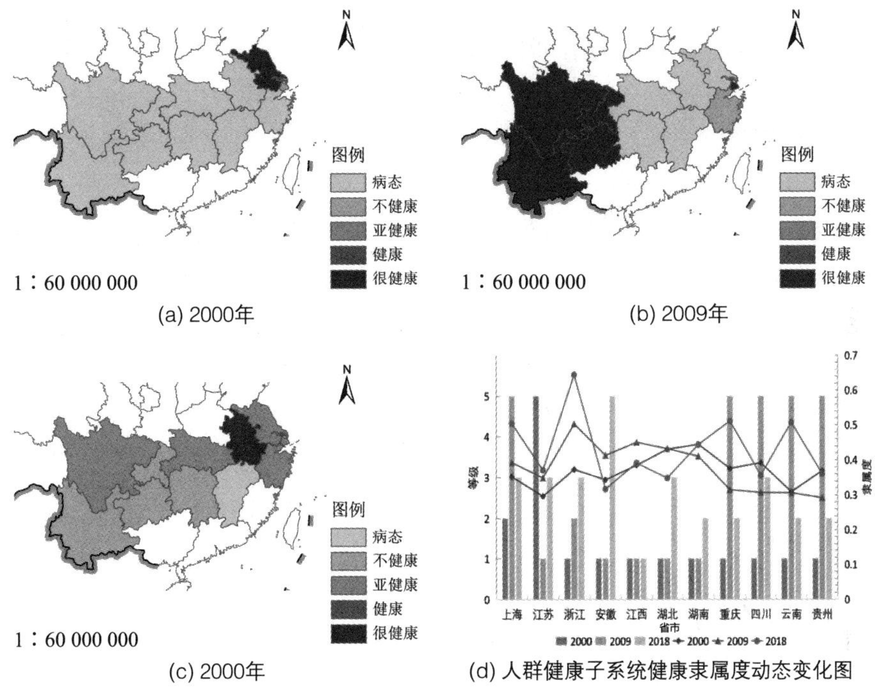

(a) 2000年　(b) 2009年

(c) 2000年　(d) 人群健康子系统健康隶属度动态变化图

图3.13　长江经济带生态系统人群健康子系统诊断结果图（2000—2018年）

4. 长江经济带生态系统健康状况诊断结论

基于长江经济带生态系统健康诊断结果可知，2000—2018 年，长江经济带城市生态系统健康诊断结果整体呈向好的发展趋势；长江经济带的生态系统健康状况在不同的时间节点上呈现出不同的空间分布差异；在不同的时间区段中，部分省市的生态系统健康状况变化幅度较大，而上海和湖南的诊断结果从未发生变化。

从 2000—2018 年长江经济带生态系统各子系统诊断结果来看：长江经济带活力子系统健康状况诊断结果的变化趋势整体是向更高等级的方向演变；除了上海和江西的组织力子系统健康状况诊断结果有所变化，其余各省市的组织力子系统健康状况诊断结果均未发生变化；长江经济带各省市的生态系统服务子系统健康状况诊断结果表明，除了上海健康等级呈先降低后上升，其余各省市的健康等级均呈逐年上升的趋势；长江经济带各省市的人群健康子系统状况结果表明，健康状况整体呈先上升再下降的趋势。

3.6 本章小结

本章以长江经济带为研究对象，从“经济-社会-自然”角度出发，构建长江经济带生态系统健康评价指标体系，运用熵值法赋予指标权重，利用云模型对长江经济带生态系统健康进行时空评价，主要研究结论如下。

第一，构建了长江经济带生态系统健康评价指标体系，把指标体系划分为目标层、准则层、指标层，在准则层分别从经济、社会、生态角度考虑，将各个省市的评价指标划分为活力、组织力、恢复力、生态系统服务、人群健康五个方面，用客观赋权的方法得到了各指标的权重。

第二，通过构建生态系统健康诊断评价指标正态云模型，将11个省市的24项评价指标划分为“病态、不健康、亚健康、健康、很健康”5个等级，并根据不同等级分支得到准则层5个子系统生态系统健康评分及隶属度。

从整体上看，从2000年至2018年，长江经济带生态系统健康诊断结果的总体变化趋势向着更高等级的方向演变。长江经济带生态系统的健康状况存在时空分布差异性，在2000—2018年，表现出内部分布逐渐减小的趋势：从区域空间分布来看，部分省市的生态系统健康状况变化幅度较大，而上海和湖南的生态系统健康诊断结果一直保持不变。从活力、组织力、恢复力、生态系统服务和人群健康五个子系统来看，长江经济带活力子系统健康状况呈现出上升趋势；组织力子系统健康状况稳定，但除上海和江苏，整体健康等级低；恢复力子系统健康状况呈波动式变化，但整体健康状况有一定程度的改善；生态系统服务子系统健康状况除上海先降后升，其余各省市均呈现出逐年上升的趋势；从时序发展来看，人群健康子系统健康状况变化大，但各省市之间的差异在不断减小，且整体健康状况有一定的上升趋势。

4

长江经济带生态补偿标准差别化模型构建

4.1 前言

生态补偿是当前国际普遍认同的有利于生态环境保护的方法，国内外研究领域与自然环境相关的学者们对生态补偿话题的关注度都很高，并且生态补偿在世界范围内也有很多实践。目前国内外学者还没有对生态补偿形成广泛认可的明确定义。生态补偿一般是指，运用经济补偿或支付的方法来协调发展和环保之间的关系，刺激和鼓励环境保护行为，减少污染物的排放，优化现有的生态环境质量，使生态系统能可持续利用的措施。主要内容包括，对因保护生态环境而产生的经济发展的损失和由发展经济造成的生态环境破坏的损失进行补偿、赔偿。

可持续发展的基石是保护好生态环境，生态补偿则是保护生态环境的有效方法。我国地大物博，但巨大的人口基数使得人均资源稀缺，追求经济发展和保护资源环境之间的矛盾亟待解决。为协调社会经济、自然资源的相互关系，实现社会可持续绿色健康发展的目标，中共中央已经把生态文明建设作为国家“五位一体”总体布局的重要内容，“绿水青山就是金山银山”这一理念在社会发展的应用中也越来越受重视。长江经济带是中央重点投资建设的“三大战略”之一，早在2018年中央就曾清晰指出要尽量利用好长江经济带跨越了东部、中部、西部的大跨度区位条件，以整个区域共同保护生态环境为方向，以避免整个区域共同竭力开发为指导，以生态环境优先保护、坚持绿色发展为准则，充分利用长江水道的交通优势，促进长江经济带的上、中、下游地区能够协调、高质量发展。

由于各地区的生态系统特点千差万别，且不同区域的生态系统提供的生态系统服务价值和区域经济行为不同，为了保障生态补偿者的支付能力和满足受偿者的基本要求，规避生态补偿政策制定中不同区域采用同一标准的现象，需要根据区位差异条件合理地制定各区域的生态补偿标准，保证长江经济带不同区域间能够获得相对公平的环境权和发展权，从而对长江经济带的区域生态环境和社会经济发展的关系有正面引导作用。构建区域生态补偿差别化模型，明确生态补偿标准，补充生态补偿机制的建设内容具有突出的理论实践意义。

结合研究对象和研究范围，本书认为，与河流有关的生态补偿包括两大类：一类是流域上游和下游之间的大型补偿；另一类是流域跨省界的中型补偿。具体补偿类型：位于上游的居民为保护生态环境，放弃了经济发展的机会，使位于其下游的居民在生态环境方面受益，生态补偿就体现为下游的生态受益方对上游的生态保护方支付生态补偿；还有上游的居民在进行经济发展的时候对生态环境产生了污染，比如污水排放，对下游的生态环境造成了破坏，为使这种损失内部化，上游居民要投入更多的环境保护资金或是对其破坏的生态价值进行赔偿。

本章对长江经济带各区域的自然价值、社会经济和区域公平等影响因子进行量化，运用生态系统服务价值法和机会成本法来确定生态补偿标准的上下限，并综合考虑差异系数，建立生态补偿标准模型，在GIS平台上对结果进行分类分析，从差异系数、流域、城市群、省域四个维度对长江经济带的区域生态补偿额度进行差异化分析，明确差别化生态补偿标准的额度，辅助建立生态补偿机制。

4.2　研究方法

本章以“长江经济带的可持续发展”为关注点，结合地理学、经济学、生态学，定量分析影响生态补偿的不同因子，对其进行归一化，形成差异系数，运用生态系统服务价值法和机会成本法来制定补偿标准上下限，综合差异系数和补偿上下限构建生态补偿差别化模型。由于不同区域的差异系数不尽相同且同种差异因素作用于不同地区也存在差异，进而影响生态补偿标准的确定，因此，本章将从多差异系数、多流域尺度、多城市群尺度以及多省、市尺度四个层面出发，对区域生态补偿标准进行差异化分析和讨论。

4.2.1　生态系统服务价值法

生态系统服务指“人类从生态系统中获得的所有惠益”或“生态系统对人类福祉和效益的直接或间接贡献”，生态系统服务价值法就是运用土地利用经济法则对生态环境的自然资本进行价值估量。本章根据选择的土地利用类型，结合实际情况，采用中国陆地单位系统服务价值表，对区域不同土地利用类型的生态系统服务价值进行测算，从而确定区域的生态补偿标准上限，公式如下。

$$P_k = \frac{P_f}{a_k} \times A_k \tag{4.1}$$

$$P_f = \sum A_k \times P_k \tag{4.2}$$

式中，k为具体的评价指标类型；P_f为长江经济带生态系统所具有的生态价值总量（万元/km^2）；A_k为长江经济带第k个评估指标的单位面积（km^2）；P_k为第k个评估指标的单位生态价值（万元）；a_k为长江经济带第k个评估指标的单位面积（km^2）。

4.2.2　机会成本法

机会成本法是在没有明确的市场价格定量标准时，评估保护自然资源所需要的经济成本，可以将对应所放弃经济发展机会的最大效益值作为参考价值。奥地利学者维塞尔在其著作《自然价值》中首次提出“机会成本”这一概念，目前机会成本最被广泛认可的定义是“为进行某一项决策而放弃另一项决策所丧失的发展机会”。其在生态补偿中的应用是指，生态环境的保护者为了保护生态系统服务功能所放弃的社会经济发展收入的价值。目前在生态补偿中机会成本的应用主要集中于土地利用，本章采用机会成本法来构建生态补偿标准的下限模型。书中对机会成本的测算应该包括“区域发展经济的损失”以及“区域进行生态保护和生态建设的投入”，由此计算出对机会成本进行补偿的额度，从而确定区域生态补偿标准下限，公式如下。

$$E = E_{损} + E_{投} \tag{4.3}$$

$$E_{损} = (T_0 - T) \times N_c + (S_0 - S) \times N_n \tag{4.4}$$

式中，E为机会成本；$E_{损}$为区域发展经济的损失；$E_{投}$为区域进行生态保护和生态建设投入；T_0为参照区域城镇人均可支配收入；T为补偿区域城镇人均可支配收入；N_c为补偿区域城镇人口数；S_0为参照区域农村人均可支配收入；S为补偿区域农村人均可支配收入；N_n为补偿区域农村人口数。

4.3　生态补偿标准差别系数确定

考虑长江经济带后续的发展，本章从自然价值、社会经济和区域公平三个角度入手，定性和定量分析这三个影响因子，确定其差别系数，构建长江经济带生态补偿标准差别化模型。

4.3.1　自然价值因子的定量分析

长江经济带区域自然灾害频发且复杂，根据国家统计局的年鉴数据，基于灾害发生的频率、强度、危害程度，本章选择水土流失和洪涝灾害两个因子作为自然价值因子的分析量。本章根据长江经济带各区域不同风险类型发生的频率、强度，对长江经济带的水土流失、洪涝灾害在各区域的综合权重进行分析，确定其权重分别为0.25、0.75，并根据权重的不同和不同区域两种灾害发生的程度来确定各区域的综合灾害指数。根据公式（4.5）得到长江经济带各区域的综合灾害指数。

$$R_i = \sum_{j=1}^{2} x_{ij} \times y_j \tag{4.5}$$

式中，R_i是第i区域的综合灾害指数；x_{ij}是第i区域第j种灾害的指数；y_j是第j种灾害的权重。

4.3.2　社会经济因子的定量分析

由于不同的区域社会经济发展水平不同，实行统一的生态补偿标准，容易引起局部生态退化的集聚情形，出现跨省域的自然资源和生产要素转移的现象。主要发展经济的区域自然资源过度流失会导致区域生态环境不断恶化，环境恶化会造成人流转移，聚集到下一个发展区，使区域社会经济的不平衡性增强，环境不断恶化，从而形成恶性循环。当前长江经济带的生态补偿政策还不完善、不适宜，需要更科学合理地建设有效的生态补偿机制来进行改善。

社会经济的发展受到多种因素的共同作用，本章主要从社会发展、人民生活、资产投资的角度选取人均GDP、地区生产总值、社会消费品零售总额、城镇居民人均可支配收入、区域财政预算收入和人口数共6个指标进行分析。基于主成分分析法，本章对相应指标样本数据进行分析检验，得到简单相关关系与偏相关关系的相对检验值为0.778，累计方差贡献率为74.063%。各个要素的特征值和矩阵得分由SPSS计算得到，之后得到各指标的变量系数A。对区域经济发展水平进行综合评价，根据公式（4.6）得到长江经济带区域经济综合评价得分F。

$$F=\sum_{i=1}^{6}A_i\times ZX_{ij} \tag{4.6}$$

式中，F为综合评价得分；A_i为第i种指标的系数；ZX_{ij}为第j区域第i种指标得到标准化处理后的数据。

4.3.3 区域公平因子的定量分析

在区域公平方面，本章选择森林覆盖率、耕地比率和人均水资源3个指标，根据3个指标相互的重要性，判断得到人均水资源、耕地比率和森林覆盖率的权重分别为0.375、0.375、0.25。根据各指标的权重，对指标数据进行标准化处理，采用极差标准化，把得到的标准化指标和权重连乘，得到不同区域的自然价值W_i。

$$W_i=\sum_{j=1}^{3}m_{ij}\times n_j \tag{4.7}$$

式中，W_i为第i区域的自然价值；m_{ij}为第i区域第j种指标数据；n_j为第j种指标数据的权重。

4.4 生态补偿标准与差别化系数量化关系确定

4.4.1 理论上限模型构建

本章计算生态补偿标准上限采用的是生态系统服务价值法，该方法需要结合长江经济带的土地利用类型。根据土地利用一级分类，土地利用类型包括林地、耕地、水域、草地、居民用地和未利用地。本章计算生态系统的服务价值，选择耕地、林地、草地和水域4种土地利用类型，根据各区域土地利用面积的实际情况，结合中国陆地单位系统服务价值表，根据公式（4.1）、公式（4.2）计算长江经济带土地利用生态服务价值（见表4.1）。由表4.1可知，林地生态服务总价值最大，草地生态服务总价值最小，整个长江经济带林地和水域的单位面积生态服务价值较大。

表4.1 长江经济带土地利用生态服务价值

土地利用类型	单位面积生态服务价值/元	土地利用面积/hm^2	生态服务总价值/万元
耕地	6114.3	61873200	37831130.68
林地	19334	93589400	180945745.96
草地	6406.5	33905200	21721366.38
水域	40676.5	6004100	24422577.37

4.4.2 理论下限模型构建

本章采用机会成本法构建生态补偿标准下限模型，从生态保护限制社会发展的角度考虑，同时还要考虑到对生态保护和生态建设的投入，包括区域生态保护建设中的植树造林投资、水土保持投入、生态移民补偿等。相关数据主要是从各个区域的统计年鉴及政府工作报告等资料中提取，根据公式（4.3）、公式（4.4）计算得到各个区域的机会成本。

4.5 生态补偿标准差别化模型构建

生态补偿必须建立在公平的基础上，统一的补偿标准必然会导致生态补偿的不平衡。不同的区域拥有不同的自然地理特性，所以其在社会发展和经济保护中的投入与产出不同，从而造成各区域的社会经济发展具有明显的差异。在建立生态补偿标准差别化模型的过程中，需要考虑区域差异条件对模型建立的影响。本章引入自然灾害差异系数、经济水平差异系数和自然资源差异系数，结合生态补偿上下限构建生态补偿标准差别化模型。自然灾害差异系数指，由于区域遭受的灾害程度不同，所以各区域为灾害防护所投入的资金额度不同；经济水平差异系数指，不同区域之间具有社会经济条件发展的差异；自然资源差异系数指，各区域拥有的自然资源不同，对环境保护的投入资金额度不同。具体差异系数设定如下。

$$\begin{cases} O=1+r \\ P=1+f \\ Q=1+w \end{cases} \tag{4.8}$$

式中，O为自然灾害差异系数，r为对综合灾害指数进行归一化处理后的值；P为经济水平差异系数，f为区域综合经济评分的归一化值；Q为自然资源差异系数，w为自然资源价值的归一化值。本章对得到的三个因子指标进行归一化处理，得到了三个影响因子的差异系数，通过添加差异系数，可以得到自然灾害、经济水平和自然资源对生态补偿标准的影响。不同区域的差异系数不同，对生态补偿标准的影响就不同，主要是对机会成本的影响——不同区域的发展程度不同，机会成本差距较大。因此，要建立生态补偿标准差别化模型，需要把三个差异系数结合起来，可以设定如下公式模型。

$$Z = O \times P \times Q \times E$$

$$Z_x = \begin{cases} Z, & Z \leqslant ESV \\ ESV, & Z > ESV \end{cases} \tag{4.9}$$

式中，Z为区域理论损失的成本；Z_x为生态补偿标准；ESV为区域生态系统服务价值。

4.6 长江经济带生态补偿标准评价因子结果分析

根据公式（4.5）、公式（4.6）、公式（4.7）对生态补偿标准评价因子进行计算，对计算结果进行归一化处理并将其，导入ArcGIS，得到自然价值、社会经济、区域公平评价因子量化后的空间等级划分图，如图4.1所示。

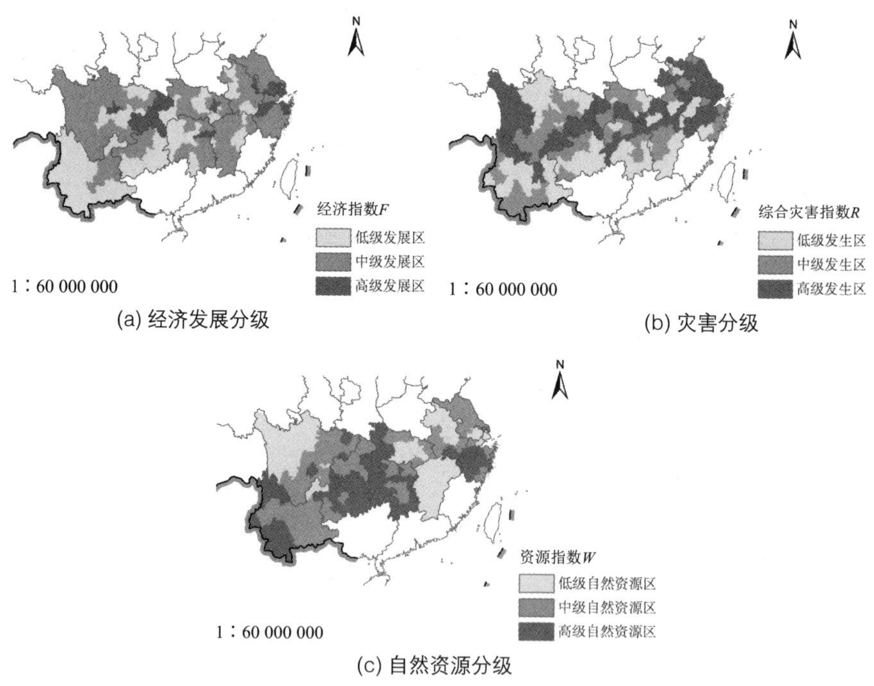

图4.1 长江经济带生态补偿标准评价因子空间等级划分图

由图4.1（b）可知，高级发生区包括上游的四川西部和北部以及重庆、云南、贵州的局部区域，主要原因在于：海拔较高，在四川西北的高寒地区容易产生冻融侵蚀现象；云贵川渝地势地形复杂，山体众多，降雨充沛，容易发生滑坡、洪涝。湖北、湖南、江西、安徽和长江三角洲区域也有很大部分属于高级发生区，主要原因是地形平坦且水网密布，季节性的强降雨较多，城市地面硬化程度高，流域植被少，水土流失严重，容易引发季节性洪涝灾害。中级发生区占长江经济带的大部分，紧挨着高级发生区，受灾原因与高级发生区基本一致，由于海拔较低、地势较缓、水系较稀疏、植被覆盖率较高，其所受灾害影响程度比高级发生区小。低级发生区主要由自然条件较好的区域和部分经济发达的中心城市组成。一是地势地形、水系植被等自然条件较好，使得水土得以保持，减少了侵蚀、洪涝的威胁；二是城市发展较好，防洪设施修建完善，对城市生态环境保护投入较多，较良好地保护了城市水土，使其自然灾害发生的频率小于其他灾害区。所以，在设定生态补偿标准的时候，应考虑城市受自然灾害的影响，依据灾害影响程度、发生频率来分级设定补偿标准，高级发生区的生态补偿标准应该高于低级发生区的生态补偿标准。

由图 4.1（a）和图 4.1（c）可知，除重庆作为直辖市，整体经济数据和自然资源数据都偏大，自然资源丰富的高级自然资源区往往对应经济发展的中、低级发生区。这是由于自然资源丰富的区域，一方面地形地势复杂，不适宜搞大范围的开发建设；另一方面，这些地区人口较少，主要以农业为主，部分发展旅游业，且为了保护良好的生态环境而减少地区工业建设，导致地区缺少良好经济岗位，造成人口大量外流，进一步限制了城市经济建设发展。低级发展区承担支付生态补偿的能力较弱，同时又是高级自然资源区，其生态系统服务价值大，为保护环境而产生的机会成本更大，所以在制定生态补偿标准时，需要考虑提高这部分区域的生态补偿标准。经济发展较好的区域，可承担支付生态补偿的能力较强，相应地要为保护共同的生态资源而向资源丰富的低级发展区支付更多的生态补偿金额。如此才能协调好经济发展和生态保护的关系，保证区域经济和生态的可持续发展。

4.7 长江经济带生态补偿标准测算结果分析

生态补偿标准的测算是对生态补偿标准进行定量分析，生态补偿的最低标准为保障受偿区居民的最低生活水平。以人均可支配收入来计算，将长江经济带各省市的城镇和农村人均可支配收入作为基础，参照全国的城镇和农村人均可支配收入（2018 年全国城镇人均可支配收入为 39 251 元，农村人均可支配收入为 14 617 元），利用公式（4.4）计算出长江经济带各区域的工业发展损失的值。通过增加各区域的生态保护和建设投入，可以得到各区域的人均机会成本，将得到的差异系数和机会成本根据公式（4.9）计算得到各个区域的理论损失成本。生态补偿标准的测算，不仅要考虑理论损失成本，还要考虑生态系统服务价值这个上限。计算出长江经济带各区域的生态系统服务价值和人均生态系统服务价值，将生态系统服务价值和理论损失成本结合起来，根据差别化模型计算人均生态补偿标准，将结果导入ArcGIS，进行空间差异化分析，得到长江经济带生态补偿额度和人均机会成本。

4.7.1　长江经济带人均生态补偿

将各指数代入差别化模型，得到长江经济带生态补偿额度的空间分布和数量变化，如图4.2和图4.3所示。

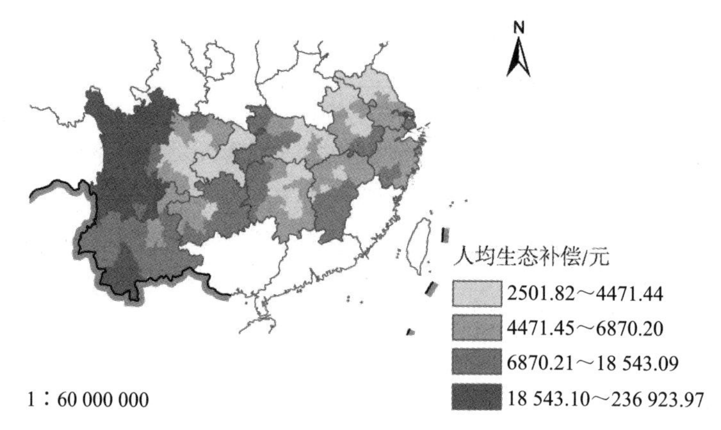

图4.2　长江经济带人均生态补偿额度等级划分图

由图4.2可知，长江经济带的人均生态补偿额度整体东低西高，人均生态补偿值最高等级（18 543.10 ～ 236 923.97 元）的区域为甘孜州、阿坝州等四川西部和云南南部地区，都集中在长江经济带上游。西南区地形地势较高，林地、草场等自然资源丰富，保护自然资源所需的生态补偿值也较高。人均生态补偿值为6870.21 ～ 18 543.09 元的城市主要集中在长江经济带的中上游地区，整体由西向东人均生态补偿值呈降低趋势。这是由于东部沿海区域是对外开放的重要港口分布区，是“海上丝绸之路”的出发区域，拥有的贸易、技术、资金、人才等资源颇为丰富，区域科学技术产业发展较迅速，经济发展较好，相应的理论损失成本就小，所需要的生态补偿额度就少得多。

分段看，每个区域的中心城市一般都在低补偿区，如成都、昆明、贵阳、长沙、武汉、南昌、南京、杭州、上海等地基本属于人均生态补偿最低的区域。

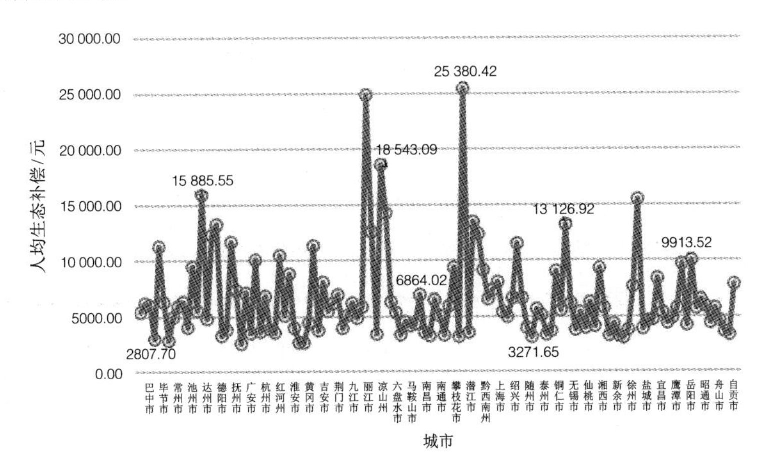

图4.3 长江经济带各城市人均生态补偿图

由图 4.3 可知，长江经济带除个别地区人均生态补偿值较高，总体的人均生态补偿值主要分布在 5000 元上下。这一方面说明长江经济带整体经济发展较好，补偿值均衡，因环境而产生的理论损失成本少；另一方面说明目前区域对环境资源保护投资值仍不够，对长江流域生态文明的保护建设还有待投入。

4.7.2 长江经济带人均机会成本

为比较差别化模型和传统模型下的人均机会成本，对未考虑差异系数的人均机会成本进行空间差异等级划分和数量变化等级划分，如图 4.4 和图 4.5 所示。

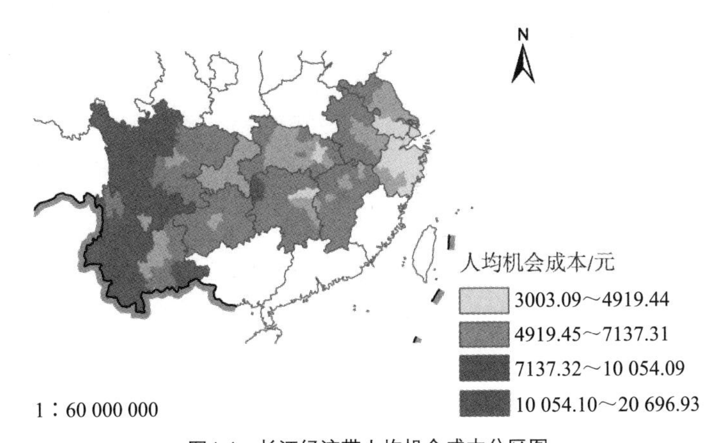

图4.4 长江经济带人均机会成本分区图

由图4.4可知，人均机会成本与人均生态补偿额度的情况类似，整体呈现东低西高的分布特征，人均机会成本较高的地区集中在西南部，人均机会成本较低的地区主要集中在沿海一带，同时零星分布于各中心城市附近。从图4.4可以看出：经济发展越好的地区，人均机会成本越低；而经济发展越落后的地区，人均机会成本就越高。其原因一是经济发达地区人口密集，在同等机会成本下，人口密集地区的人均机会成本较少；二是受到区域生态系统服务价值和区域经济发展能力的影响，具有良好发展潜力的地区在选择了经济收入和发展机会，创造出巨大的财富价值时，需要为其他因选择保护生态系统而缺少经济发展潜力的地区提供经济补偿，以此达到既发展经济又保护生态环境的目的，从而实现整体区域协调互惠发展。

上游成渝城市群和滇中、黔中城市群所在区域为人均机会成本较低的区域，其他大部分城市为人均机会成本较高区域。尤其是四川、云南的西部地区，这部分属于山地丘陵区域，地势复杂而常住人口较少，缺少引领经济发展的工业、产业，区域经济发展条件较差，发展潜力大。而这部分区域对自然资源的投入保护较多，使得自然资源尤其丰富，林地、草原等生态系统保持较好，所以其因生态保护投入而放弃的经济发展所产生的机会成本也较高。中游以武汉、长沙为代表的城市群人均机会成本也较低，由于大城市对周围经济的辐射带动更明显些，所以靠近中心城市群的区域也有较好的经济发展，这些区域为生态保护而选择放弃的机会成本略低些。下游以长江三角洲为中心，经济影响的辐射范围更大，区域的经济发展现状更佳，促进经济发展的投入更大，相应的其放弃的机会成本更小，所以下游绝大部分区域的人均机会成本都比中上游的少。

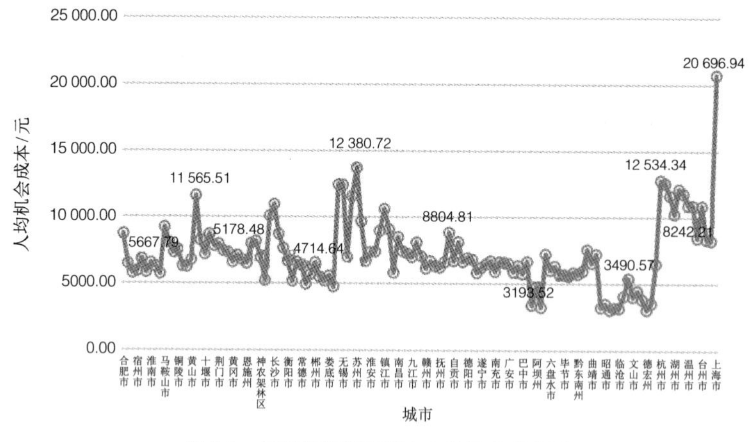

图4.5　长江经济带各城市人均机会成本图

人均机会成本是用年人均可支配收入作为参照来计算的，所以求得的值整体较大。由图 4.5 可知，长江经济带最高的人均机会成本达到了 20 696.94 元，最低不足 3000 元，地区之间的差距极大。且经济发达的城市人均机会成本在 5000 元以内，而经济发展较落后地区的人均机会成本在 10 000 元以上。在数量对比上，大部分地区的人均机会成本低于 10 000 元，处于中、低等级区间，说明长江经济带整体的区域发展较好，理论损失成本就较少。

综上所述，从长江经济带整体的趋势，以及从上、中、下游分段分析来看，经济发展较好的区域人均机会成本低，而经济发展落后的区域人均机会成本高，且长江经济带整体人均机会成本呈现西高东低的空间格局，充分阐释了经济发达区与经济落后区为经济发展和资源环境保护而相互协调的关系。

4.8 长江经济带生态补偿标准差异化分析

前文已求得各区域生态补偿标准评价因子、人均生态补偿额度、人均机会成本等数据，本章将在 ArcGIS 应用中进一步综合处理、分类分析这些数据，对各种尺度下长江经济带生态补偿标准进行差异化分析。

4.8.1 基于差异系数的生态补偿标准差异化分析

差异系数由每个区域的社会经济、自然价值、区域公平这三个方面的指数和评价得分的归一化值得到。区域公平差异系数由人均水资源、森林覆盖率、耕地比率决定，区域公平差异系数越高，说明区域资源越丰富，需要更多的保护，所需生态补偿投入也就更多。区域经济发展越好，承担补偿的能力就越强，所得补偿就越小；区域经济发展越差，说明为保护自然环境放弃的发展机会就越大，所需补偿就越多。自然价值差异系数由综合灾害指数决定，区域的综合灾害指数越高，需要补偿的就越多。基于各个差异系数，计算得到了长江经济带各区域人均生态补偿的差异化分配标准分级图，如图 4.6 所示。

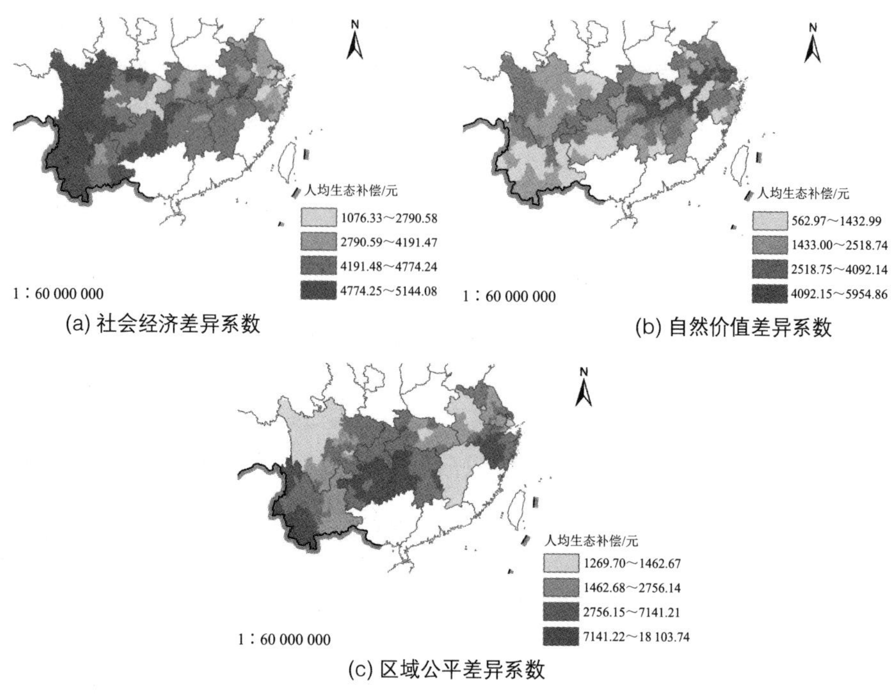

(a) 社会经济差异系数

(b) 自然价值差异系数

(c) 区域公平差异系数

图4.6　长江经济带各区域人均生态补偿的差别化分配标准分级图

每个差异系数的人均生态补偿标准差别都不大，大致在 20 000 元以内，分为 4 个等级。由图 4.6（a）可知，在仅考虑区域社会经济差异系数时，人均生态补偿标准明显与区域经济实力相对应。经济相对发达的地区人均生态补偿较低，经济相对落后的地区人均生态补偿较高，长江经济带人均生态补偿标准整体呈西高东低的趋势，且上、中、下游每个区域内部也呈西高东低的趋势。由图 4.6（b）可知，在只考虑自然价值差异系数时，长江流域中下游的武汉城市群、合肥、苏州等地，由于受到洪涝灾害的影响，需要对自然环境治理投入更多的资金，所以需要的环境补偿更多。由图 4.6（c）可知，若只考虑区域公平差异系数，生态补偿标准为最高级的区域主要为云南西南部、四川东南部、贵州、湖南西部、浙江南部等区域。由前文的分析结果可知，一般经济较发达的沿海地区补偿值都较少，在仅考虑区域公平差异系数时，浙江南部的生态补偿标准之所以高是因为浙江省有极高的森林覆盖率。说明经济发达地区在为保护环境资源进行高投资时，也会体现出需要更多生态补偿的结果。

在三次差异系数分析中，变动最大的是四川省的甘孜州和阿坝州，在只考虑区域公平差异系数时，这两个州的人均生态补偿标准是最高的，因为这两个州主要位于高海拔山区，多为草场，水资源、森林资源、耕地资源都缺乏，需要的生态补偿投入少。在社会经济差异系数中，由于这两个州的经济发展落后，所以需要的生态补偿标准成了最高级，而在自然价值差异系数中，两个州的生态补偿标准成了二、三级。综上说明，在考虑区域生态补偿标准时，要把多个差异系数结合起来，避免因考虑单一系数而使生态补偿标准波动大、分配不合理的情况发生。

4.8.2　基于流域尺度的生态补偿标准差异化分析

根据公式（4.9），本章把人均机会成本、生态系统服务价值、差异系数几个指标相结合，应用ArcGIS计算得出综合考量后的长江经济带各城市的人均生态补偿标准额度以及空间等级划分，对长江经济带的生态补偿标准进行基于流域尺度的差异化分析。

1. 长江经济带上游生态补偿标准差异化分析

长江经济带上游生态补偿标准差异化的空间等级划分，如图 4.7 所示。对应的各城市的生态补偿标准具体额度，如图 4.8 所示。

由图 4.7 可知，长江经济带上游由四川、云南、贵州、重庆组成。其中：最高生态补偿区为甘孜州、阿坝州等西部地区，在地形上属于山地丘陵；最低生态补偿区集中在成都平原附近，以及发展较好的中心城市附近。整体的空间分布格局表现为西高东低。从整个数据情况可得出，长江经济带上游的生态补偿标准较高，且分布不均衡，造成这种现象的原因：一是受上游地势多变、自然资源情况复杂的影响，各个区域之间自然条件差距大，如高原地区（甘孜州、阿坝州）草场丰富、丘陵地区（云南、贵州）山林丰富、平原地区（成都平原）耕地丰富，自然因子差异明显；二是地区贫富差距大，上游内部占有长江水道、成都平原等良好区位的地区经济发展迅速，使得理论成本损失值相对较小，而其他大部分地区能得到的经济发展机会都较小，发展重心大多放在旅游业、种植业、畜牧业上，对生态环境的保护投入更多，所以需要更多的生态补偿；三是自然灾害频发，除了本次考量的水土流失和洪涝灾害，地震、滑坡、泥石流等灾害也常常在上游发生，所以上游需要更多的生态补偿。

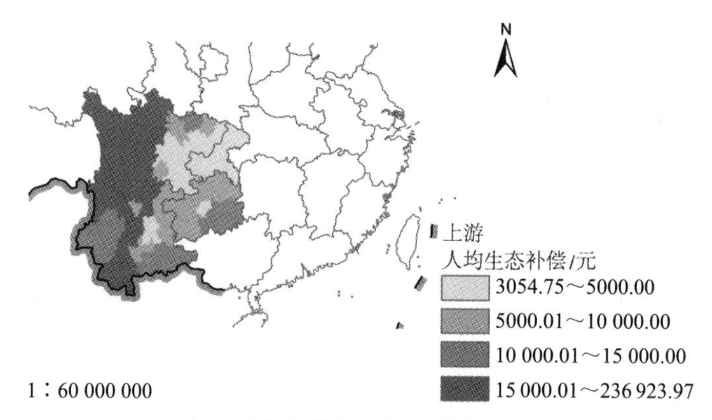

图4.7　长江经济带上游生态补偿分区图

由图4.8可知，人均生态补偿额度最高的区域为丽江、普洱等地，最高达25 380.42元；人均生态补偿额度最低的区域主要集中在成都、贵阳、宜宾、南充、自贡等较中心城市附近，最低为3054.75元；其余等级的生态补偿区域主要集中在云南的文山，四川凉山，贵州黔南等小城市，大部分额度在10 000元以内；整个长江经济带上游的人均生态补偿在3000～25 000元，区域之间的补偿标准差距大。

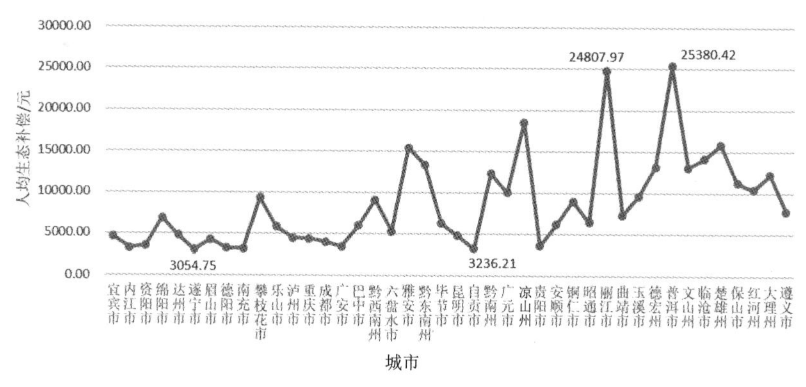

图4.8　长江经济带上游城市生态补偿图

2. 长江经济带中游生态补偿标准差异化分析

长江经济带中游生态补偿标准差异化的空间等级划分，如图4.9所示。对应的各城市的生态补偿标准具体额度，如图4.10所示。

由图4.9可知，长江经济带中游地区由湖北、湖南、江西组成，生态补偿标准在空间上呈现出中间低、四周高的格局；与上游相似的是，中游地区占有较好区位条件的各中心城市周围区域的人均生态补偿值较小，而边界靠近丘陵一带的怀化、昭阳、恩施、十堰、赣州等地，人均生态补偿值较高；中游的省会城市长沙、武汉、南昌不是区域内人均生态补偿值最低的区域，说明社会经济差异系数的影响不是绝对的，生态补偿标准是一个综合结果，要注重区域的自然条件、区域公平、生态系统服务价值等因素。

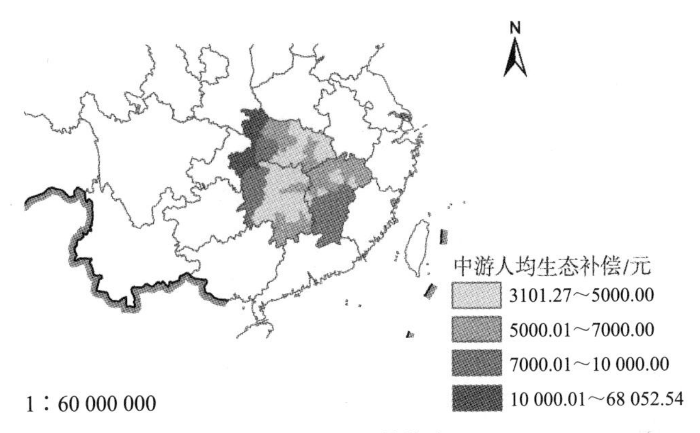

图4.9 中游生态补偿分区图

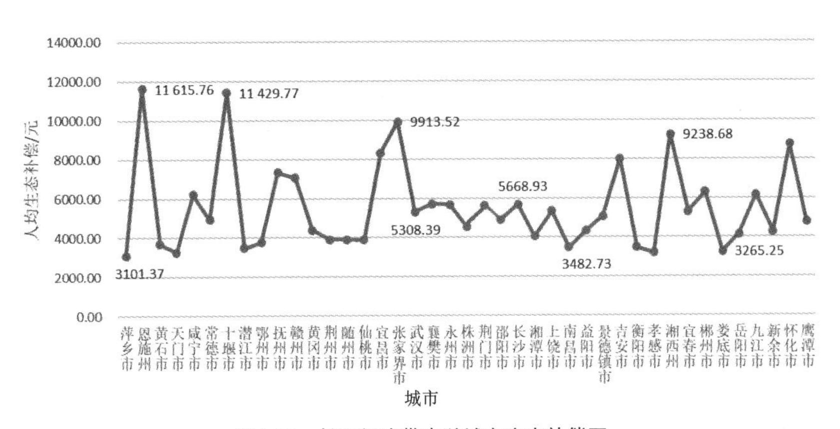

图4.10 长江经济带中游城市生态补偿图

由图 4.10 可知，中游的人均生态补偿标准在 3000 ～ 1 2000 元，萍乡最低为 3101.37 元，恩施最高为 11 615.76 元，整体的人均生态补偿额度差距不大，相比上游较为均衡。中心城市南昌为 3482.73 元，武汉为 5308.39 元，长沙为 5668.93 元。总体来说，长江经济带中游的生态补偿标准较均衡，虽然也有一大部分边缘区域蕴藏着众多自然资源，产业经济难以发展，所需生态补偿较多，但是受影响程度比上游要轻。

3. 长江经济带下游生态补偿标准差异化分析

长江经济带下游生态补偿标准差异化的空间等级划分，如图 4.11 所示。对应的各地的生态补偿标准具体额度，如图 4.12 所示。

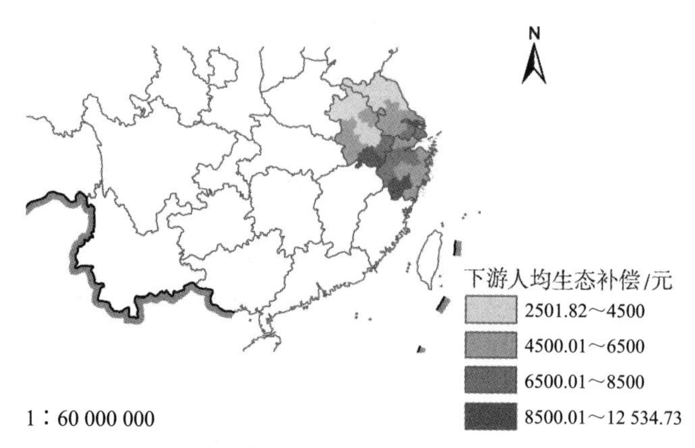

图4.11 长江经济带下游生态补偿分区图

由图 4.11 可知，长江经济带下游由经济实力雄厚的浙江、上海、江苏、安徽组成，人均生态补偿的整体空间分布差异不明显。且与上、中游不同的是，下游省会中心城市杭州、南京等地的人均生态补偿相比周围区域反而较高。结合前文对长江经济带的自然资源的研究分析可知，长江下游城市在发展经济的同时也注重对生态环境的投资保护。为创建新型宜居环境，杭州等地的森林资源孕育丰富，相应地提高了区域生态系统服务价值，造就了在下游区域范围内相对高的人均生态补偿值。

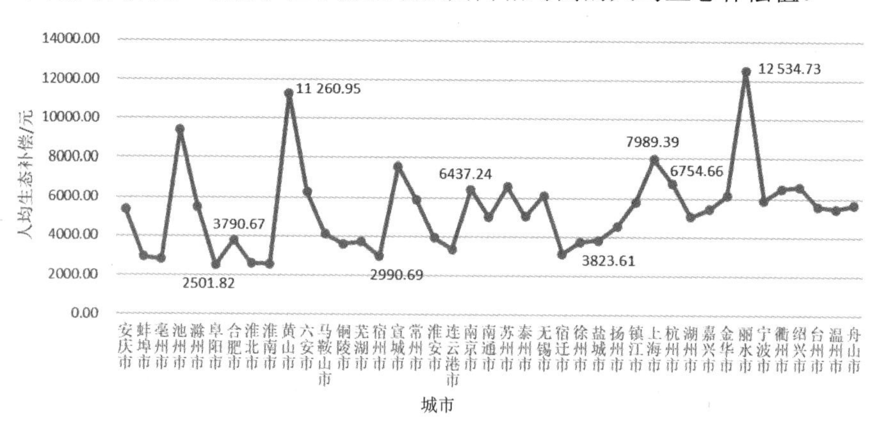

图4.12 长江经济带下游城市生态补偿图

由图 4.12 可知，下游地区的人均生态补偿值在 2000 ～ 13 000 元，丽水最高为 12 534.73 元，阜阳最低为 2501.82 元。中心城市杭州为 6754.66 元，南京为 6437.24 元，上海为 7989.39 元，合肥为 3790.67 元，主要大城市的生态补偿值较高，因为其对生态投资较多。下游大部分城市的生态补偿值较低，主要是因为下游区域的社会经济发展较好，区域城市化率高，自然资源较少，生态系统服务价值较小，相应的生态系统理论成本损失值较小，所以对生态补偿额度的需求小，并且经济发达区域往往是生态补偿支付者。

4.8.3 基于城市群尺度的生态补偿标准差异化分析

考虑到城市群的集聚和带动作用，本章将根据已有成果数据，应用ArcGIS对城市群进行划分，研究生态补偿标准在不同城市群尺度下的差异化表现。

1. 成渝城市群生态补偿标准差异化分析

长江经济带成渝城市群生态补偿标准差别化的空间等级划分，如图4.13所示。对应各城市的生态补偿标准具体额度，如图4.14所示。

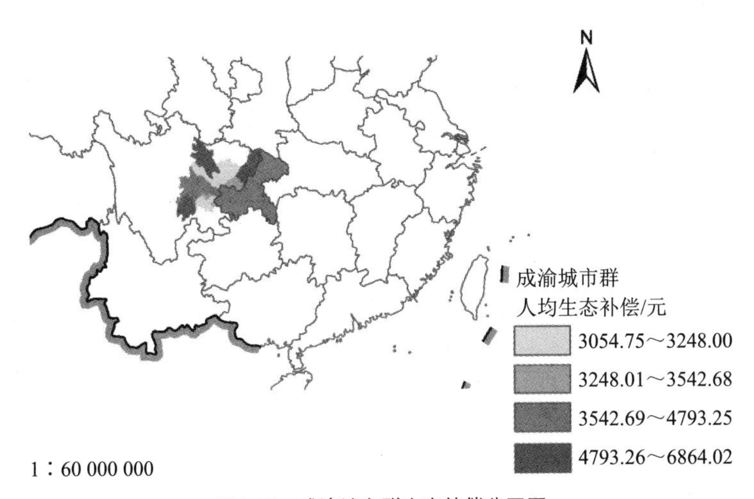

图4.13 成渝城市群生态补偿分区图

由图4.13可知，成渝城市群的生态补偿标准呈现中间低、四周高的空间格局。西部的绵阳、乐山和东部的重庆、达州属于较高补偿区，中部的遂宁、广安、内江、自贡、成都、资阳等城市则属于低补偿区。这些区域主要位于成都平原，经济发展的条件更有利，所以放弃发展机会保护环境的生态补偿少。重庆人均生态补偿额度高主要是由于其市内山地丘陵占多数，又处于两江交汇处，自然资源丰富，生态系统服务价值大，为更好地保护生态系统所需生态补偿额度就更高。重庆作为成渝城市群的经济活动中心，社会经济发展十分迅速，雄厚的实力使重庆在生态文明建设中可以投入更多资金，且由于生态资源共享，城市带动作用，以及绿色发展理念，成渝城市群作为西南地区的经济发展中心，会带动周围城市加大对生态资源保护的补偿力度。

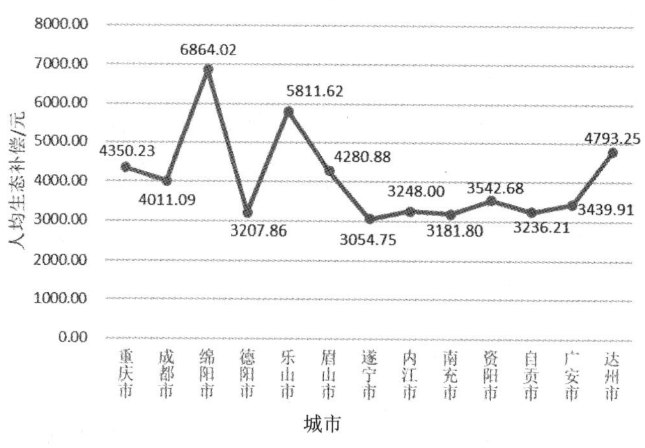

图4.14　成渝城市群生态补偿图

由图 4.14 可知，绵阳的人均生态补偿值高达 6864.02 元，人均生态补偿值为 4000 元以上的城市分别是重庆、成都、乐山、眉山、达州，其余城市的人均生态补偿值都较为相近，处于人均生态补偿值低于 4000 元的低补偿区。成渝城市群的人均生态补偿值呈现整体低补偿，局部高补偿的特点。

2. 长江中游城市群生态补偿标准差异化分析

长江经济带长江中游城市群生态补偿标准差别化的空间等级划分，如图 4.15 所示。对应的各城市的生态补偿标准具体额度，如图 4.16 所示。

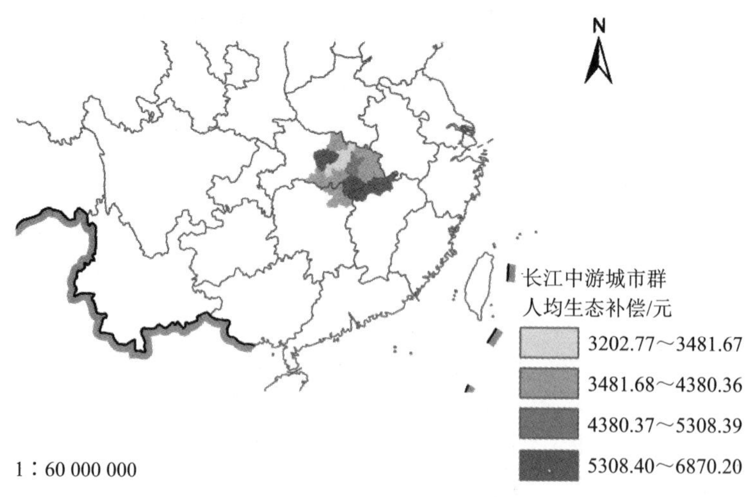

图4.15　长江中游城市群生态补偿分区图

由图 4.15 可知，中游城市群的生态补偿空间结构呈现北低南高的半包围形式，中北部以武汉、鄂州、潜江、仙桃、天门、黄石等城市为低补偿区，而南部以九江、岳阳、荆州、黄冈为高补偿区，但这是相对中游自身而言的等级划分，体现的是中游城市群内部生态发展的差异。与长江经济带整体的补偿水平相比，中游城市群都处于人均生态补偿值在 7000 元以内的补偿区，属于长江经济带范围内的低补偿区。这是由于中游城市群东西两边分别与成渝城市群和长江三角洲城市群联系，发展条件十分有利，在中心城市的引领带动下，能有足够的实力发展经济，也能在维护生态系统上做良好的补偿保护，所以所需生态补偿额度较少。

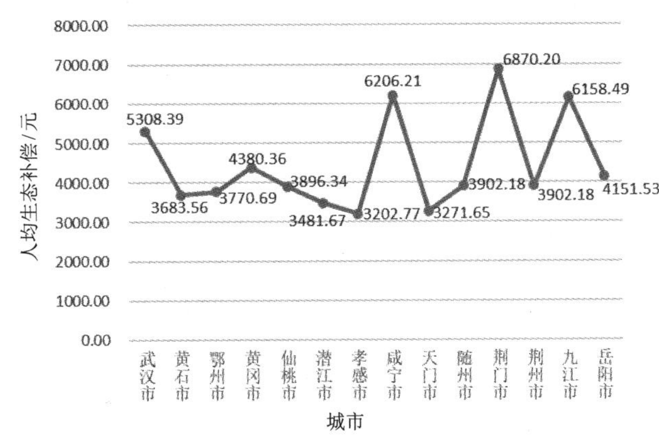

图4.16 长江中游城市群生态补偿图

由图 4.16 可知，长江中游城市群人均生态补偿值较大的城市为荆门 6870.20 元、咸宁 6206.21 元、九江 6158.49 元，最小值为孝感的 3202.77 元，中心城市武汉为 5308.39 元，整体的生态补偿差异不突出，数值分布较均匀。由数据图表可知，长江中游城市群的人均生态补偿值大多在 3000 元以上，7000 元以下，各城市之间的生态补偿差异较小，整体最平衡。

3. 长江三角洲城市群生态补偿标准差异化分析

长江三角洲城市群生态补偿标准差异化的空间等级划分，如图 4.17 所示。对应的各城市的生态补偿标准具体额度，如图 4.18 所示。

由图 4.17 可知，长江三角洲城市群的生态补偿标准空间结构呈现南北高、中间低的特征，整体的生态补偿差距很小，人均生态补偿值都在 3000 元以上、9500 元以下。

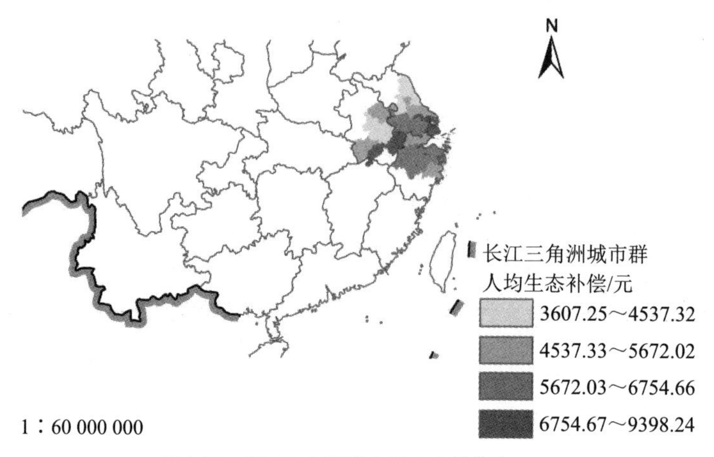

图4.17　长江三角洲城市群生态补偿分区图

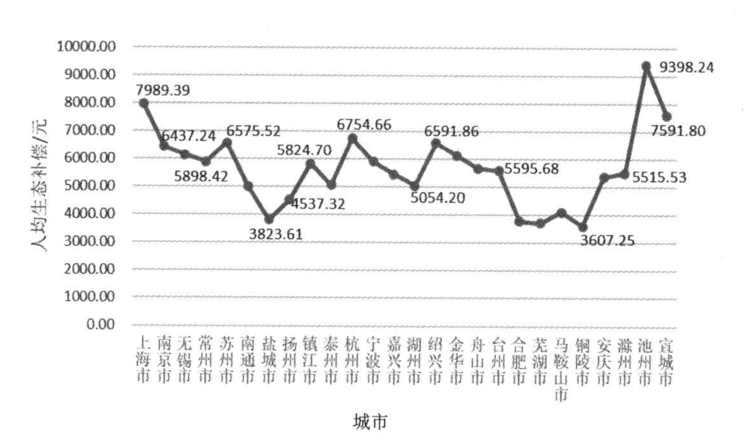

图4.18　长江三角洲城市群生态补偿数量图

由图4.18可知，长江三角洲城市群内人均生态补偿值较高的城市为池州、上海等几个森林覆盖率较高的城市，最高达到9398.24元，因其对自然资源保护投资建设较多，所以补偿值高；最低为铜陵，只有3607.25元，两个市生态补偿需求小。虽然从图上看长江三角洲城市群人均生态补偿值相差巨大，但是总体的绝对数值都偏小。

4.8.4　基于省级尺度的生态补偿标准差异化分析

根据已有成果数据，本章将把各城市的生态补偿值归一到所属省域，从更宏观的角度去考量各地区生态补偿的差异，应用ArcGIS对城市群进行划分。基于省级尺度的生态补偿标准额度以及空间等级划分，如图4.19和图4.20所示。

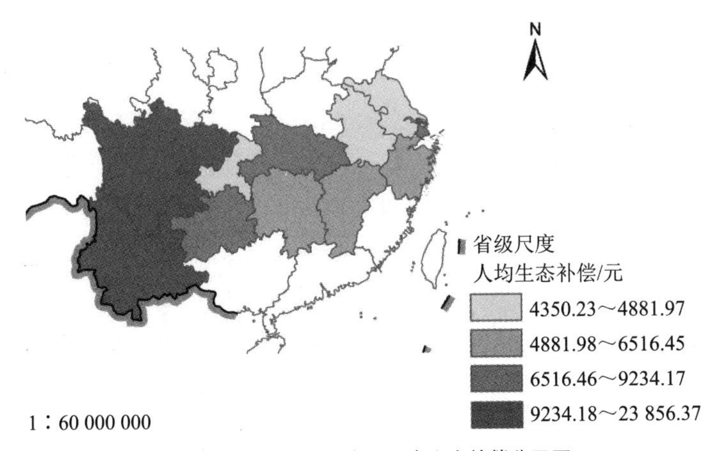

图4.19 长江经济带省级尺度生态补偿分区图

由图 4.19 可知，省级尺度的生态补偿呈现出更加明显的西高东低的特点，下游的江苏、安徽属于一级低补偿区，中游的湖南、江西属于二级较低补偿区，上游的四川、云南、贵州属于三、四级较高补偿区。由此体现的是长江经济带大方向上的空间变化规律，如经济发达程度西低东高，自然资源存储量西高东低，生态系统服务价值西高东低，生态补偿标准西高东低。各地区应该结合自身发展的条件，在经济发展和资源保护中寻求平衡，形成绿色发展、可持续发展，完善生态文明建设的生态补偿机制。

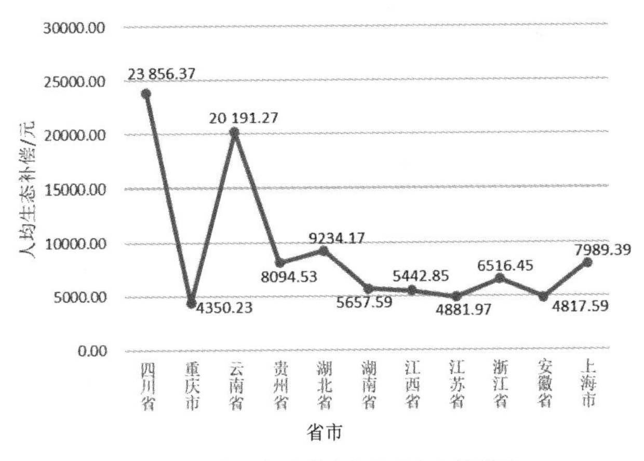

图4.20 长江经济带省级尺度生态补偿图

由图 4.20 可知，四川、云南等几个上游省份的人均生态补偿值都接近或大于 10 000 元，其中四川尤为突出，前文已分析其生态补偿突出的原因是高原山地涵盖面广阔；湖北、湖南、江西的人均生态补偿值在 5000 元以上、10 000 元以下；江苏、安徽的人均生态补偿值都较低；整体人均生态补偿值分布在4000～25 000元，补偿标准浮动不大，变化规律为由西向东呈均衡递减状。

本章基于不同分析尺度，对长江经济带的生态补偿标准进行差异化分析。基于不同差异系数分析，差异系数的补偿区间相互之间差距不大，但是同一系数对不同区域的作用以及同一区域受不同系数的影响程度差距较大，在考虑生态补偿时要综合分析。基于流域尺度，本章对长江经济带上、中、下游的生态补偿进行了差异化分析。基于成渝城市群、长江中游城市群、长江三角洲城市群，本章亦进行了生态补偿差异化分析。最后是基于宏观省级尺度的差异化分析。以上都体现出长江经济带生态补偿标准呈现西高东低的空间格局和数量差距。

上游属于西南地区，地处内陆深处，地势地形复杂，既是自然资源丰富的区域，也是自然灾害频发的区域，经济发展滞后，主要以第一、二产业为主，且难以开展大规模的种植，以及大规模发展工业，种种因素限制了该区域大多数城市的经济发展，而其提供的生态系统服务价值大，所以生态补偿额度应该较高。中游同上游相似，区位、地势阻碍了经济发展，导致大部分城市的生态补偿额度高，但情况较上游地区受影响的程度轻，长江中游城市群的中心大城市辐射带动着周围较大城市，使其经济得到发展，理论损失成本减少，则所需生态补偿额度也减少。长江经济带下游以长江三角洲为核心，在经济发展分级上属高级发展区，科学技术发展迅速，产业转型快，区域经济发展遥遥领先，同时也是低级自然资源区，城市化程度高，所以其理论损失成本小，生态系统服务价值小，相应的生态补偿额度需求就比较小。

4.9　本章小结

本章对影响生态补偿差异系数进行定量分析，运用生态系统服务价值法和机会成本法构建生态补偿差别化模型，综合考虑生态补偿标准在差异系数、生态服务价值、人均机会成本等因素作用下的结果，并分别对长江经济带受不同因子作用的结果进行比较分析，对生态补偿标准结果做分段分区比较分析，主要研究结论如下。

第一，通过对区域差异化因子的分析引用，利用生态系统服务价值法和机会成本法对长江经济带各区域的生态补偿标准进行了量化分析，构建了长江经济带生态补偿差别化模型，对生态补偿标准有了一个明确的界定：以人均机会成本为下限，计算出来的结果如果超过生态系统服务价值，则生态补偿标准就为区域的生态系统服务价值；反之，则以区域的人均机会成本乘以差异系数，得到的理论损失成本为生态补偿标准，这反映出差异系数对最终生态补偿标准的影响。进一步对比分析长江经济带不同空间的差异化程度，为长江经济带的生态补偿标准的差异化分析等研究提供了参考依据。

第二，根据构建的生态补偿标准差别化模型，计算出长江经济带各区域具体的生态补偿标准，明确了各区域间的生态补偿标准差异程度，结果显示长江经济带上游（云南、贵州、四川、重庆）的生态补偿标准额度较大，长江经济带下游（上海、浙江、安徽、江苏）的生态补偿额度较小，长江经济带中游（湖北、湖南、江西）的生态补偿额度居于两者之间。

第三，对长江经济带的生态补偿标准的差异性进行分析，说明了长江经济带不同区域的社会经济、自然价值和区域公平系数不同，同一区域不同的影响因子评判的结果也不同，难以实行统一的生态补偿标准，要综合多个差异系数考虑每个区域的补偿标准，这样才能保证长江经济带不同区域间可以获得平等的环境权和发展权，促进区域间的协调和可持续发展。

第四，基于不同的分析尺度，对长江经济带的生态补偿标准进行差异化分析。结果表明不同的差异系数评判的生态补偿标准各有不同，量化生态补偿标准时不能单一考量，要综合权重。在不同尺度的分区分析中，无论是基于流域尺度、城市群尺度还是省级尺度，长江经济带的生态补偿标准都呈现西高东低的空间格局。长江三角洲城市群、长江中游城市群、成渝城市群，这些区域具有厚实的经济基础，其为保护环境而牺牲的机会成本较小，经济发达区属于人员密集区，受到自然资源和自然灾害影响也较小，所以生态补偿额度较低。长江经济带上游西南地区大部、中游边界城市的生态补偿额度较高，主要原因是机会成本大，受差异系数影响，理论损失成本大。

5

长江经济带生态补偿标准量化

生态补偿标准量化是生态补偿研究的核心问题，随着生态系统服务价值被提出，对生态系统的服务进行“货币化”，为生态补偿的量化奠定了重要基础，基于生态系统服务价值进行生态补偿标准量化也逐渐成为主要方法。对生态系统服务价值的评估主要采用当量因子法和模型法等，本章使用更加客观的模型法，以InVEST模型为基础工具，结合相关统计资料，进行长江经济带生态系统服务价值评估。在此基础上，构建长江经济带生态补偿差别化模型，并分析各省市1997—2017年生态系统服务价值与生态补偿标准在时间上的动态变化与空间差异。

5.1 生态补偿量化模型

不同区域的自然、社会和经济等条件是有差异的，在进行生态补偿标准量化时，需要动态化和差别化，针对不同区域需要有不同的量化标准。本章在生态系统服务价值量化的基础上，进行生态补偿标准的核算（ECS）。在此参考相关研究[111]，结合研究区实际状况，设定生态补偿标准核算模型：

$$ECS = \sum V_i \times k \times r \tag{5.1}$$

式中，V_i表示第i种生态系统服务价值；k表示生态系统服务价值折算系数，取15%；r表示生态补偿系数。

生态系统服务价值（V_i）通过InVEST模型和相关统计数据计算得到，r通过GDP和恩格尔系数等进行计算，方法如下：

$$r = \frac{L_i}{1 + ae^{-bt}} \tag{5.2}$$

式中，L_i表示补偿能力，对各省市的GDP与长江经济带总GDP的比值进行量化得到；a和b是常数，都取1；e为自然对数的底数，是自然常数，约为2.718；t表示恩格尔系数的倒数。可将上式变换为：

$$r=\frac{e^{\frac{1}{\zeta}}}{1+e^{\frac{1}{\zeta}}}\times L_i=\frac{e^{\frac{1}{\zeta}}\times GDP_i}{\left(1+e^{\frac{1}{\zeta}}\right)\times \mathrm{GDP}} \tag{5.3}$$

式中，ζ表示恩格尔系数，GDP_i表示第i个省市的GDP，GDP表示长江经济带总的GDP。

5.2 生态系统服务价值评估

生态系统服务价值评估的方法有多种，具有代表性的有Costanza等和MA提出的方法。Costanza等的研究成果对生态系统服务价值计算影响深远，谢高地等在他研究的基础上，提出了中国生态系统服务价值当量表，以此计算生态系统服务价值（此即当量因子法）。当量因子法简单易算，比较流行，但其对生态系统服务价值的估算没有模型法（如InVEST模型等）准确，所以本章选择用InVEST模型进行研究区生态系统服务价值的估算。

参考相关文献[112]以及研究区实际情况和数据状况，本章选取碳储存、水源供给和土壤保持，同时结合相关统计数据获得产品供给数据，并将所有数据加和汇总为最终的研究区生态系统服务价值。

生态系统服务价值估算主要是对生态系统服务进行货币化，如此能更加直观地体现出生态系统的价值，为相关政策制定和后续研究提供数据支撑。

在进行生态系统服务价值估算时，不同服务的价值均以1997年价为基准。本章对生态系统服务价值（V）的估算主要包括产品供给价值（V_1）、碳储存与固碳释氧价值（V_2）、水源供给价值（V_3）和土壤保持价值（V_4）。

$$V=V_1+V_2+V_3+V_4$$

5.2.1 产品供给价值

生态系统为人类提供各种原材料，如粮食、水果等，并使其在人类社会通过价值的形式流通交换。本章参考相关研究[113]，以经济核算中的农、林、牧、渔业产值来衡量产品供给的价值，并将其折算为以1997年为基准的价值。

由图 5.1 可知，1997—2017 年，长江经济带的产品供给价值呈现持续增长的趋势，以 1997 年价为基准，到 2017 年超过了 23 991.22 亿元，与 1997 年相比，增加了约 13 517.68 亿元。

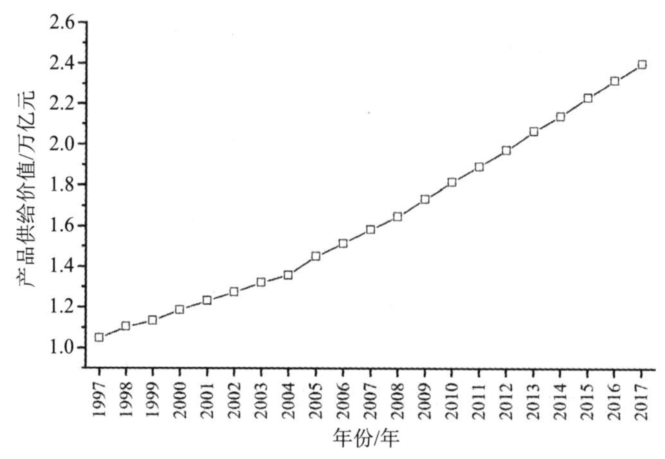

图5.1　1997—2017年长江经济带产品供给价值

5.2.2　碳储存与固碳释氧价值

1. 碳储存

生态系统可以通过调节二氧化碳来达到调节气候的目的，将二氧化碳储存起来，使之不会被排放至生态系统，同时向生态系统释放出氧气。

碳储存主要依赖四大基本碳库，即地上生物量、地下生物量、土壤和死亡有机物。

总的碳储存量（C_{total}）由地上碳储存量（C_{above}）、地下碳储存量（C_{below}）、土壤碳储存量（C_{soil}）和枯落物碳储存量（C_{dead}）组成，计算方法如下。

$$C_{total} = C_{above} + C_{below} + C_{soil} + C_{dead} \tag{5.4}$$

在 InVEST 模型中，除了土地利用数据，还需要碳密度数据。参考相关研究[114][115]，不考虑枯落物，设定碳密度数据，见表 5.1。

表 5.1　碳密度

单位：kg/m²

土地利用类型	地上碳密度	地下碳密度	土壤碳密度
耕地	0.57	8.07	10.84
林地	4.24	11.59	23.69
草地	3.53	8.65	9.99
建设用地	0.00	0.00	0.00

续表

土地利用类型	地上碳密度	地下碳密度	土壤碳密度
裸地	0.00	0.00	0.00
水体	0.00	0.00	0.00

由表5.2可知，长江经济带在1995年、2000年、2005年、2010年和2015年碳储存量分别为573.25亿t、570.17亿t、569.03亿t、568.10亿t和565.39亿t，整体上呈现出下降的趋势。

表5.2 长江经济带碳储存

单位：亿t

城市	1995年	2000年	2005年	2010年	2015年
上海	0.94	0.93	0.88	0.82	0.78
江苏	15.40	15.19	14.95	14.63	14.42
浙江	31.55	31.41	30.9	30.79	30.51
安徽	30.52	30.38	30.32	30.17	29.97
江西	51.59	51.46	51.37	51.36	51.05
湖北	52.12	51.85	51.65	51.55	51.17
湖南	66.08	65.96	65.85	65.76	65.47
重庆	22.33	22.14	22.19	22.12	21.98
四川	127.93	127.81	127.7	127.66	127.37
贵州	54.10	53.72	53.91	53.91	53.65
云南	120.69	119.32	119.31	119.33	119.02
总和	573.25	570.17	569.03	568.10	565.39

2. 固碳释氧价值

生态系统通过光合作用固定碳和释放氧气，每生产1kg干物质就能固定1.63kg的二氧化碳，同时释放1.19kg的氧气。可以通过NPP数据计算固碳价值（V_{21}）和释氧价值（V_{22}）。

$$V_2 = V_{21} + V_{22} \tag{5.5}$$

$$V_{21} = \sum NPP_i \times 1.63 \times P_C \tag{5.6}$$

$$V_{22} = \sum NPP_i \times 1.19 \times P_O \tag{5.7}$$

式中，NPP_i表示第i种生态系统的净初级生产力（$g \cdot m^{-2} a^{-1}$）；P_C表示单位固碳价格（元/t），取260.9元/t；P_O表示单位释氧价格（元/t），取352.93元/t。

2000—2015年长江经济带固碳释氧价值如图5.2所示。在该研究时段内，长江经济带的固碳释氧价值存在波动，在整体上呈现增长态势，固碳价值平均值为5260.74亿元，略高于释氧价值平均值（5195.42亿元）。固碳价值与释氧价值增长趋势明显，从2000年到2015年，固碳价值增加了539.36亿元，释氧价值增加了532.67亿元。

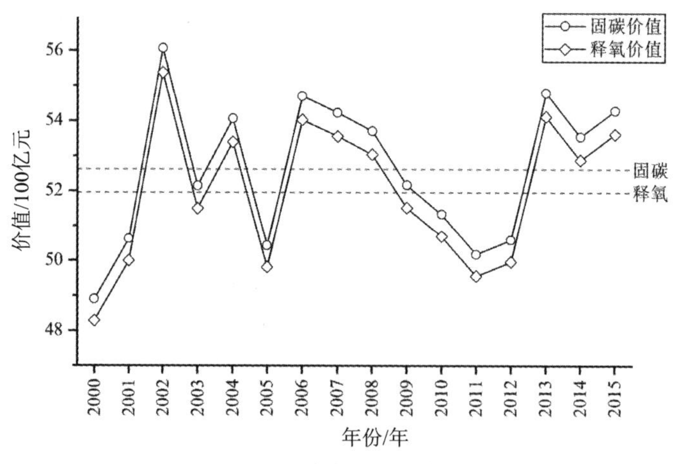

图5.2　2000—2015年长江经济带固碳释氧价值

在空间分布上，长江经济带部分年份的固碳价值，如图5.3所示。植被通过光合作用将大气中的二氧化碳固定到生态系统中，植被越多，质量越好，则光合作用的收益也就越高，固碳价值也会越大。长江经济带的固碳价值以西南最高，西北部和靠东区域的北部较低，中部区域中等。

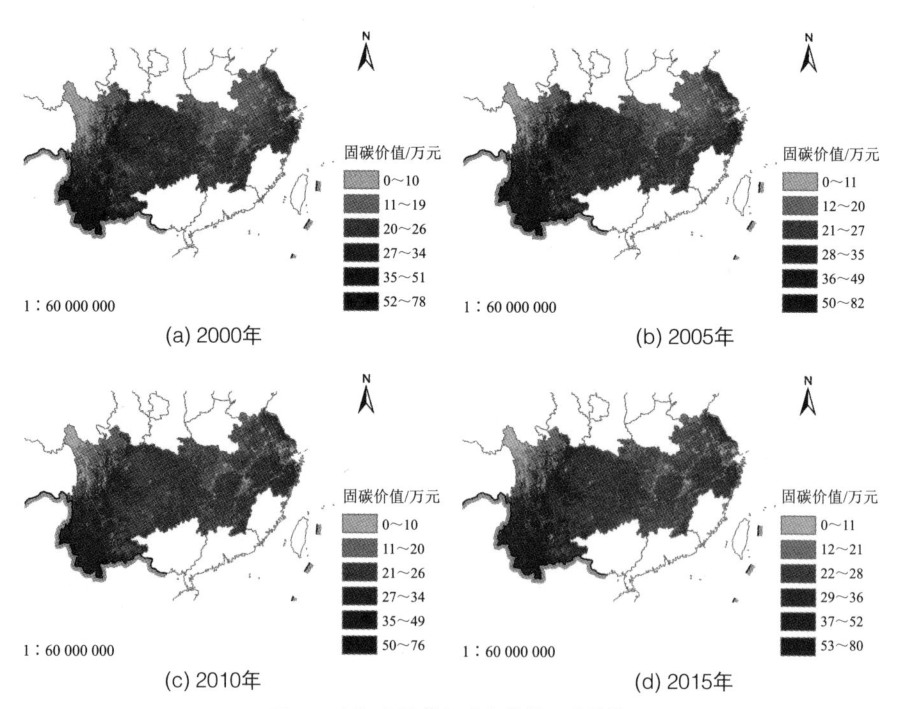

图5.3　长江经济带部分年份的固碳价值

长江经济带部分年份的释氧价值如图5.4所示。释氧价值也依赖植被的光合作用，所以固碳与释氧在空间上具有一致性：固碳价值越高，则释氧价值也就越高；反之，固碳价值越低，则释氧价值也会越低。

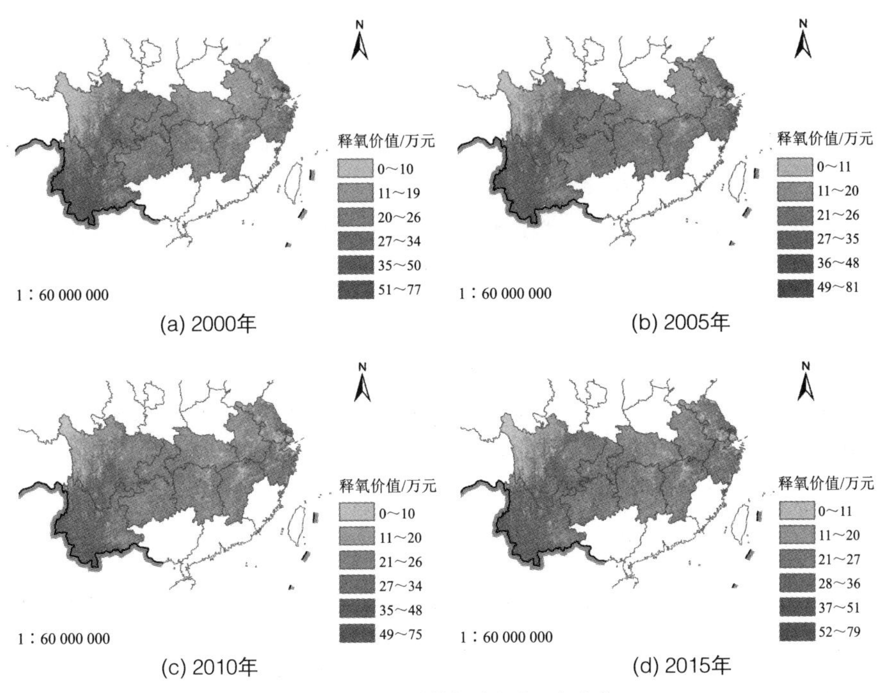

图5.4 长江经济带部分年份释氧价值

5.2.3 水源供给价值

1. 水源供给

生态系统能为人类提供淡水，不仅如此，通过水源供给还能为人类带来其他间接价值，如水力发电等。

InVEST模型基于水量平衡原理计算水源供给，通过降雨量与实际蒸散发量之差得到水源供给量，使用年降水量、年潜在蒸散发量、植物可利用含水量、最大土壤深度、蒸散系数、根系深度等参数计算流域的水源供给，具体计算原理如下。

基于Budyko水量平衡假设[115]：

$$Y(x)=\left(1-\frac{AET(x)}{P(x)}\right)\times P(x) \tag{5.8}$$

式中，$Y(x)$表示年产水量；$AET(x)$表示栅格单元x的实际年均蒸散发量；

$P(x)$ 表示栅格单元 x 的年降水量。

由于年均实际蒸散发量无法直接测得，所以本章通过Budyko假设的水热耦合平衡公式进行估算：

$$\frac{AET(x)}{P(x)}=1+\frac{PET(x)}{P(x)}-\left[1+\left(\frac{PET(x)}{P(x)}\right)^{\omega}\right]^{1/\omega} \quad (5.9)$$

式中，$PET(x)$ 表示栅格单元 x 年潜在蒸散发量；ω 是一个经验参数，表示气候－土壤性质的无量纲非物理参数。

在InVEST模型中，ω 的计算方法采用Donohue等提出的方法，具体如下。

$$\omega=Z\times\frac{AWC(x)}{P(x)}+1.25 \quad (5.10)$$

式中，Z 是季节常数，主要表示区域降水分布和其他水文地质特征；$AWC(x)$ 表示植物可利用水含量的年平均值，通过植物可利用含水量（$PAWC$）、最大土壤深度和根系深度最小值来确定。这里的 1.25 是 ω 的基数，且 ω 的取值上限为 5。

$$AWC(x)=min(max.\ soil.\ depth,\ root.\ depth)\times PAWC \quad (5.11)$$

式中，*max.soil.depth* 表示栅格单元 x 的最大土壤深度；*root.depth* 表示栅格单元 x 的根系深度。

使用InVEST模型计算水源供给主要用到以下数据。

（1）年降水量

使用Anusplin气象插值软件进行降水插值，基于Anusplin的薄盘样条的插值方法相较于传统的插值方法误差更小。本章通过使用该工具（SPLINA和LAPGRD），将高程作为协变量，进行降水月值插值，最后加和汇总得到年降水量数据。

数据准备：用ArcGIS以气象站点空间位置提取相应高程；DEM（分辨率 1km）使用ArcGIS生成ASCII文件；将气象日值数据加和处理为月值数据；每年的月值数据利用SPSS生成固定的ASCII文件（dat文件），每年的dat文件中包含 16 列数据，前 4 列分别是气象站点的区站号、x坐标、y坐标、高程，后 12 列分别为每个气象站点 12 个月份的降水量。

在Anusplin软件中，使用SPLINA和LAPGRD模块。以 1997 年的降水数据为例，SPLINA和LAPGRD输入参数及说明，见表 5.3 和表 5.4。降水为负值的需要将负值处理为 0。

表 5.3 SPLINA输入参数及说明

参数	说明
pre1997	拟合表面文件名
1	数据单位，1/米，5/度
2	自变量数量，小于 10
1	协变量数量
0	每个表面采用不同样条变量的个数
0	每个表面采用不同协变量的个数
-1075397 2104602 0 1	前两个值为略大于DEM的x坐标值范围；0 为自变量不转换；1/米
1935205 4125205 0 1	前两个值为略大于DEM的y坐标值范围；0 为自变量不转换；1/米
-70 6304 1 1	前两个值为DEM高程范围；1 为协变量转换参数；1/米
1000	高程放大倍数（分辨率）
0	自变量转换，0/不转换
2	样条数，通常为 2
12	拟合表面个数，12 为 12 个月的拟合结果
0	相关误差方差个数，0/每个样点权重相同
1	优化参数指标，通常为 1
1	平滑参数方法，1/GCV
pre1997.dat	插值的输入数据，1997 年月降水数据
1000	气象站点数量，需高于实际站点数量
5	气象站点字符数
（a5,f8.0,f8.0,f5.0,12f5.1）	dat数据文件格式
pre1997.res	残差文件
pre1997.opt	光滑参数文件
pre1997.sur	表面文件，用于LAPGRD模块
pre1997.lis	列表文件
pre1997.cov	拟合表面系数误差的协方差文件，用于LAPGRD模块

表 5.4 LAPGRD输入参数及说明

参数	说明
pre1997.sur	拟合表面文件，来源于SPLINA
0	拟合表面，0/所有表面
1	拟合表面计算方式，1/计算表面值
pre1997.cov	误差表面文件，来源于LAPGRD
2	误差类型，2/预测标准误差
1	栅格位置选择，1/中心位置
1	第一个栅格变量指标，通常为 1
-1070397.93123566 2099602.06876434 1000	前两个值为DEM实际x坐标范围，1000/栅格大小
2	第二个栅格变量指标，通常为 2
1941205.97264684 4120205.97264684 1000	前两个值为DEM实际y坐标范围，1000/栅格大小
0	掩膜方式，0/不提供
2	独立协变量数据格式，2/（Arc/Info格式）
dem1km_buffer_1du.asc	DEM的ASCII文件
2	输出拟合表面的格式，2/（Arc/Info格式）
-9999	输出拟合表面的空值
pre1997_01.grd	输出 1997 年 1 月降水拟合表面文件
pre1997_02.grd	输出 1997 年 2 月降水拟合表面文件
pre1997_03.grd	输出 1997 年 3 月降水拟合表面文件

续表

参数	说明
pre1997_04.grd	输出 1997 年 4 月降水拟合表面文件
pre1997_05.grd	输出 1997 年 5 月降水拟合表面文件
pre1997_06.grd	输出 1997 年 6 月降水拟合表面文件
pre1997_07.grd	输出 1997 年 7 月降水拟合表面文件
pre1997_08.grd	输出 1997 年 8 月降水拟合表面文件
pre1997_09.grd	输出 1997 年 9 月降水拟合表面文件
pre1997_10.grd	输出 1997 年 10 月降水拟合表面文件
pre1997_11.grd	输出 1997 年 11 月降水拟合表面文件
pre1997_12.grd	输出 1997 年 12 月降水拟合表面文件
2	输出拟合误差表面的格式，2/（Arc/Info 格式）
-9999	输出拟合误差表面的空值
pre1997_01-cov.grd	输出 1997 年 1 月降水拟合误差表面文件
pre1997_02-cov.grd	输出 1997 年 2 月降水拟合误差表面文件
pre1997_03-cov.grd	输出 1997 年 3 月降水拟合误差表面文件
pre1997_04-cov.grd	输出 1997 年 4 月降水拟合误差表面文件
pre1997_05-cov.grd	输出 1997 年 5 月降水拟合误差表面文件
pre1997_06-cov.grd	输出 1997 年 6 月降水拟合误差表面文件
pre1997_07-cov.grd	输出 1997 年 7 月降水拟合误差表面文件
pre1997_08-cov.grd	输出 1997 年 8 月降水拟合误差表面文件
pre1997_09-cov.grd	输出 1997 年 9 月降水拟合误差表面文件
pre1997_10-cov.grd	输出 1997 年 10 月降水拟合误差表面文件
pre1997_11-cov.grd	输出 1997 年 11 月降水拟合误差表面文件
pre1997_12-cov.grd	输出 1997 年 12 月降水拟合误差表面文件

（2）年潜在蒸散发量

使用Hargreaves计算每天的潜在蒸散发量（ET_0），再通过加和日潜在蒸散发量得到月潜在蒸散发量，最后通过月潜在蒸散发量的加和得到年潜在蒸散发量。日潜在蒸散发量的计算公式如下。

$$ET_0=0.0023\times R_A\times\sqrt{T_{max}-T_{min}}\times\left(T_{mean}+17.8\right) \quad (5.12)$$

式中，R_A表示天顶辐射，单位为mm/d，若其单位为$MJm^{-2}d^{-1}$，则需要乘以0.408，得到等价蒸发量（mm/d）；T_{max}表示日最高气温；T_{min}表示日最低气温；T_{mean}表示日均气温，通过（$T_{max}+T_{min}$）/2计算得到。

参考《FAO-56作物蒸发腾发量-作物需水量计算指南》（*Crop Evapotranspiration-Guidelines for Computing Crop Water Equirements-FAO Irrigation and Drainage Paper 56*）计算R_A，以日为时段计算不同纬度气象站点一年中每天的天顶辐射（R_A）。

$$R_A=\frac{24(60)}{\pi}G_{sc}d_r\left[\omega_s\sin(\varphi)\sin(\delta)+\cos(\varphi)\cos(\delta)\sin(\omega_s)\right] \quad (5.13)$$

式中，R_A单位为$MJm^{-2}d^{-1}$，需乘以0.408，将单位转换为mm/d；G_{sc}表示太阳常数，取0.0820（$MJm^{-2}min^{-1}$）；d_r表示日地相对距离倒数；ω_s表示太阳时角（rad）；φ表示地理纬度（rad）；δ表示太阳磁偏角（rad）。

其中d_r、ω_s、φ、δ的计算如下。

$$d_r = 1 + 0.033\cos\left(\frac{2\pi}{365}J\right) \tag{5.14}$$

$$\omega_s = \arccos\left[-\tan(\varphi)\tan(\delta)\right] \tag{5.15}$$

$$\varphi = \frac{\pi}{180}Lat \tag{5.16}$$

$$\delta = 0.409\sin\left(\frac{2\pi}{365}J - 1.39\right) \tag{5.17}$$

式中，Lat表示纬度；J表示日序数，1 月 1 日时J=1，12 月 31 日时J=365 或 366。

（3）土壤

土壤数据来源于世界土壤数据库（Harmonized World Soil Database, HWSD），此处选用最大土壤深度和植物可利用含水量。

使用土壤深度数据代替最大土壤深度，直接从土壤图中获得。

植物可利用含水量指田间持水量和萎蔫点数值之差，一般采用体积含水量表示（mm），本章采用周文佐的研究成果，利用土壤质地计算$PAWC$（取值范围为[0，1]）。

$$\begin{aligned} PAWC = {} & 54.509 - 0.132 \times SAND - 0.003 \times SAND^2 - 0.055 \times SILT - \\ & 0.006 \times SILT^2 - 0.738 \times CLAY + 0.007 \times CLAY^2 - 2.688 \times \\ & C + 0.501 \times C^2 \end{aligned} \tag{5.18}$$

式中，$SAND$表示土壤中沙粒百分比含量（%）；$SILT$表示土壤中粉粒百分比含量（%）；$CLAY$表示土壤中黏粒百分比含量（%）；C表示土壤中有机碳百分比含量（%）。拟合结果超过 100%的部分需赋值为 100%，并将非土壤，即水体部分赋值为 0。

（4）土地利用

土地利用数据为 1995—2015 年的数据，间隔 5 年，根据实际研究情况，将 5 期数据分为 5 个阶段：使用 1997 年使用 1995 年的土地利用数据，1998—2002 年使用 2000 年土地利用数据，2003—2007 年使用 2005 年土地利用数据，2008—2012 年使用 2010 年土地利用数据，2013—2017 年使用 2015 年土地利用数据。

土地利用代码，见表 5.5。

表 5.5　土地利用代码及类型

代码	土地利用类型	代码	土地利用类型
11	水田	44	永久性冰川雪地

续表

代码	土地利用类型	代码	土地利用类型
12	旱地	45	滩涂
21	有林地	46	滩地
22	灌木林	51	城镇用地
23	疏林地	52	农村居民点
24	其他林地	53	其他建设用地
31	高覆盖度草地	61	沙地
32	中覆盖度草地	64	沼泽地
33	低覆盖度草地	65	裸土地
41	河渠	66	裸岩石质地
42	湖泊	67	其他
43	水库坑塘		

（5）生物物理参数

生物物理参数主要包括土地利用代码（与土地利用类型相对应）、蒸散系数（*Kc*）和根系深度等。参考《FAO-56 作物蒸发腾发量-作物需水量计算指南》，根据土地利用类型设置生物物理参数，见表 5.6。

表 5.6　生物物理系数表

代码	土地利用类型	蒸散系数	根系深度	植被类别
11	水田	0.65	700	1
12	旱地	0.65	500	1
21	有林地	1	7000	1
22	灌木林	0.50	2000	1
23	疏林地	0.85	4750	1
24	其他林地	0.70	3000	1
31	高覆盖度草地	0.65	1700	1
32	中覆盖度草地	0.65	1700	1
33	低覆盖度草地	0.65	1700	1
41	河渠	1	1000	0
42	湖泊	1	1000	0
43	水库坑塘	1	1000	0
44	永久性冰川雪地	0.50	500	0
45	滩涂	1	200	0
46	滩地	1	200	0
51	城镇用地	0.10	10	0
52	农村居民点	0.30	500	0
53	其他建设用地	0.30	500	0
61	沙地	0.10	300	0
64	沼泽地	1.20	300	0
65	裸土地	0.50	200	0
66	裸岩石质地	0.50	200	0
67	其他	0.50	200	0

1997—2017 年，长江经济带水源供给如图 5.5 所示。在该时段内，长江经济带的水源供给呈现波动变化的特征，整体上增加了 9.7184×10^{10}mm。2011 年水源供给为最低值，2016 年达到最高值。

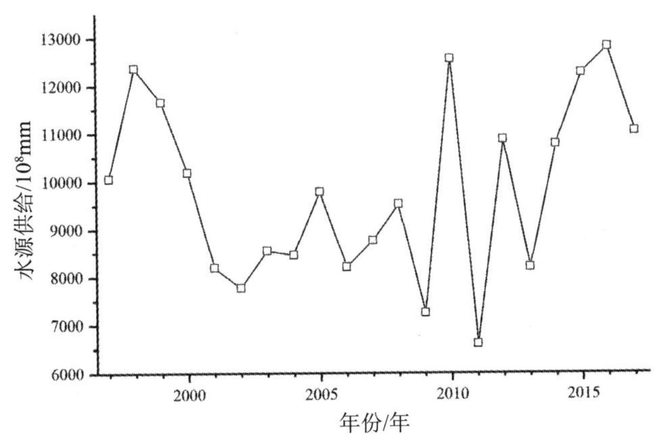

图5.5 1997—2017年长江经济带水源供给

长江经济带部分年份水源供给空间分布，如图5.6所示。长江经济带东南部的水源供给处于高位，中部地区的水源供给处于中等水平，而西北部则处于最低的状态。

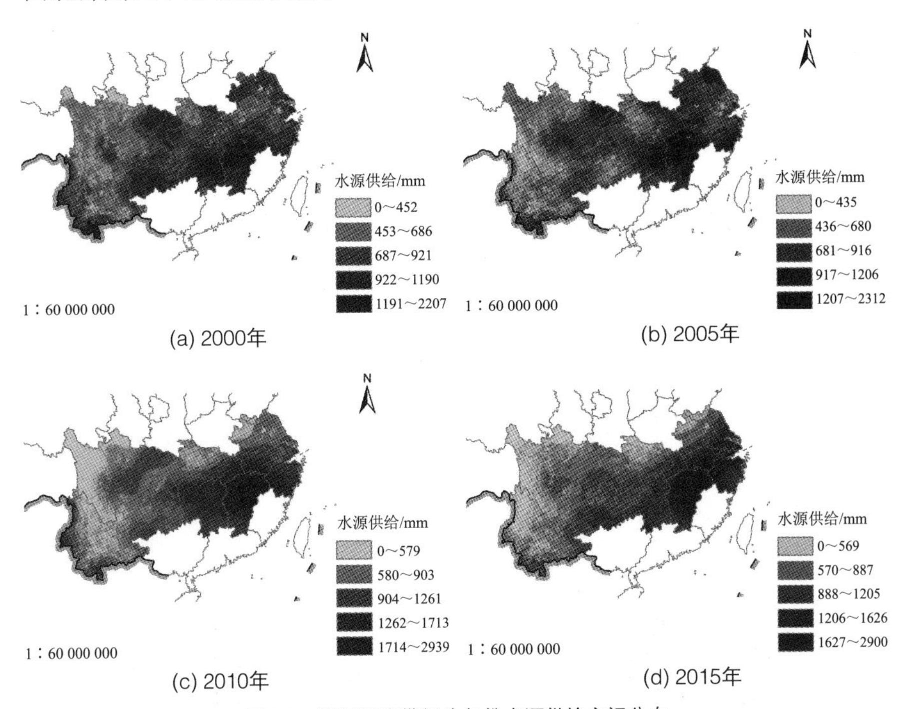

图5.6 长江经济带部分年份水源供给空间分布

2. 水源供给价值

对水源供给价值的计算采用影子工程法，本章以修建相应库容的水库成本作为影子价格，并通过该影子价格得到水源供给价值。[112]

$$V_3 = a \times \sum Y_i \tag{5.19}$$

式中，V_3 表示水源供给价值（元）；a 表示修建水库的单位成本（元/m^3）；Y_i 表示第 i 种土地利用的产水量（m^3）。

修建水库的单位成本可参考《森林生态系统服务功能评估规范》，2005 年为 6.11 元/m^3，通过年固定资产投资价格指数（从 1997 年到 2005 年增加了 10.88%）折算 1997 年成本价为 5.51 元/m^3，根据相关研究处理方法[113]，按照折现率 10%，得到水库的使用寿命为 20 年，则年金现值为 0.65 元/m^3。

由图 5.7 可知，1997—2017 年，长江经济带水源供给价值呈现出波动变化：最低值在 2011 年，约为 6596.68 亿元；最高值在 2016 年，约为 12 800.27 亿元。在该研究时段，平均值约为 9798.99 亿元，在研究时段末期存在增加的状况，约增加了 971.84 亿元。

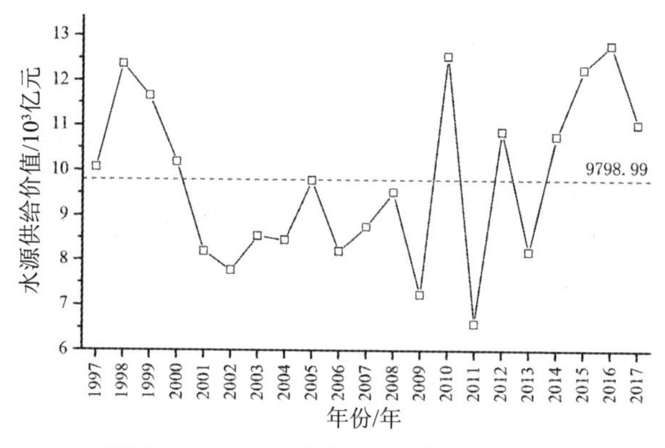

图5.7　1997—2017年长江经济带水源供给价值

水源供给价值与水源供给空间格局分布一致，东南部最高，西北部最低，中部靠北地区略高，整体上中部处于中等水平。长江经济带部分年份水源供给价值空间分布如图 5.8 所示。

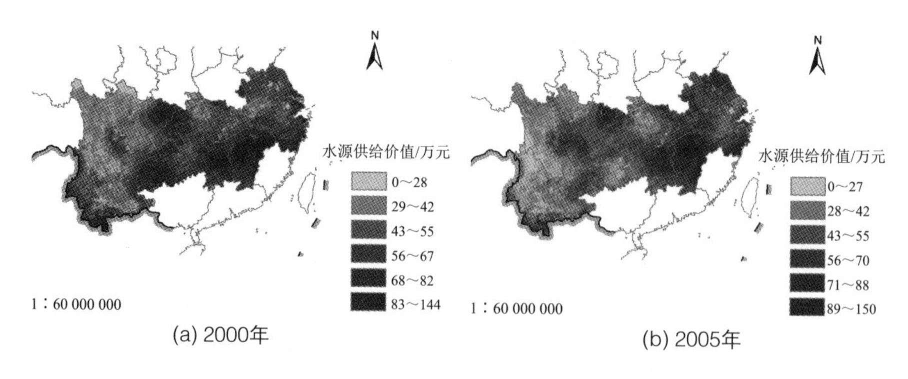

(a) 2000年　　(b) 2005年

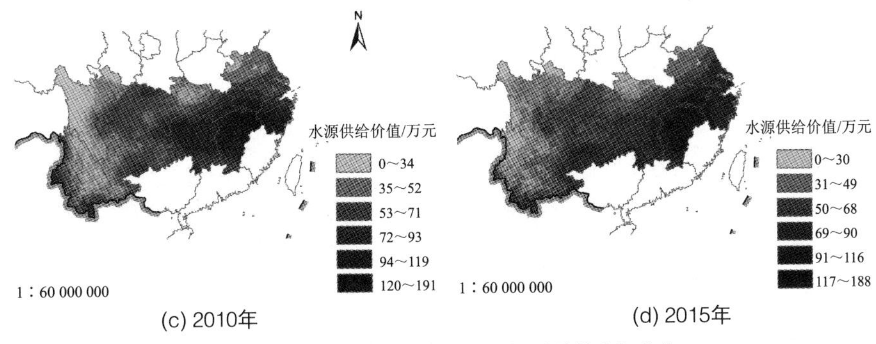

(c) 2010年　　(d) 2015年

图5.8　长江经济带部分年份水源供给价值空间分布

5.2.4　土壤保持价值

1. 土壤保持

生态系统能减少土壤侵蚀和泥沙堆积，这为水源涵养、土壤形成等奠定了基础。目前，应用范围最广的计算土壤保持量的方法是土壤流失方程，它通过计算土壤潜在侵蚀量，再计算土壤实际侵蚀量，两者之间的差值即为土壤保持量。

本章通过改进的土壤流失方程计算土壤保持量。

$$RKLS = R \times K \times LS \tag{5.20}$$

$$USLE = R \times K \times LS \times C \times P \tag{5.21}$$

$$SD = RKLS - USLE \tag{5.22}$$

式中，*RKLS*表示土壤潜在侵蚀量；*USLE*表示土壤实际侵蚀量［$t \cdot (hm^2 \cdot a)^{-1}$］；*SD*表示土壤保持量；*R*表示降雨侵蚀力因子［$MJ \cdot mm \cdot (hm^2 \cdot h)^{-1}$］；*K*表示土壤可侵蚀因子［$t \cdot hm^2 \cdot h \cdot (MJ \cdot mm \cdot hm^2)^{-1}$］；*LS*表示坡度坡长因子（无量纲）；*C*表示植被覆盖因子（无量纲）；*P*表示土壤保持措施因子（无量纲）。

*USLE*土壤侵蚀方程主要参数计算如下。

（1）降雨侵蚀力因子（*R*）

使用Wischmeier的方法计算：

$$R = \sum_{i=1}^{12} 1.735 \times 10^{1.5\lg \frac{P_i^2}{P} - 0.8188} \tag{5.23}$$

式中，P_i表示月降水量，*P*表示年降水量。

（2）土壤可侵蚀因子（*K*）

采用Williams等提出的EPIC模型进行土壤可蚀性计算。

$$K=\left[0.2+0.3e^{-0.0256SAND\left(1-\frac{SILT}{100}\right)}\right]\times\left(\frac{SILT}{CLAY+SILT}\right)^{0.3}\times\left(1.0-\frac{0.25C}{C+e^{3.72-2.95C}}\right)\times\left(1.0-\frac{0.7SN}{SN+e^{-5.51+22.9SN}}\right) \tag{5.24}$$

式中，$SAND$表示土壤中沙粒百分比含量；$SILT$表示土壤中粉粒百分比含量；$CLAY$表示土壤中黏粒百分比含量；C表示土壤中有机碳百分比含量；$SN=1-SAND/100$。

水体的土壤可蚀性因子为0，即无土壤侵蚀。

（3）坡度坡长因子

在$USLE$和$RKLS$中，22.13m是标准坡长因子，本章以25°为边坡阈值，在该阈值范围内，坡度坡长因子（LS）计算方法如下。

$$LS=\left(\frac{F_a\times C_s}{22.13}\right)^m\times\left[\frac{\sin(0.01745\times\theta)}{0.09}\right]^{1.4}\times 1.6 \tag{5.25}$$

式中，F_a表示汇水累积阈值；C_s表示栅格单元大小；m表示坡长指数；θ表示坡度。

坡长指数计算如下。

$$m=\begin{cases}0.2 & \theta\leqslant 1\% \\ 0.3 & 1\%<\theta\leqslant 3.5\% \\ 0.4 & 3.5\%<\theta\leqslant 5\% \\ 0.5 & \theta>5\%\end{cases} \tag{5.26}$$

坡度超过25°时，计算方法如下。

$$LS=0.08\beta^{0.35}\theta^{0.6} \tag{5.27}$$

β的取值：

$$\beta=\begin{cases}C_s & \text{流向}=1,4,16,64 \\ 1.4\times C_s & \text{其他流向}\end{cases} \tag{5.28}$$

（4）植被覆盖因子（C）

该值处于0到1范围内，使用蔡崇法等[116]提出的方法：

$$C=\begin{cases}1 & c=0 \\ 0.6508-0.3436\times\lg c & 0<c\leqslant 78.3\% \\ 0 & c>78.3\%\end{cases} \tag{5.29}$$

式中，c表示植被覆盖度。

（5）土壤保持措施因子（P）

该值处于0到1范围内，0表示不会发生土壤侵蚀区域（如水体、人工表面），1 表示不采取土壤保持措施。本章设定水体、建筑类用地为 0，林地为 0.8，将耕地外的其他用地设定为 1。对于耕地的土壤保持措施因子可采用Wener经验公式计算：

$$P = 0.2 + 0.03 \times slope \tag{5.30}$$

式中，*slope*表示坡度。

土地利用数据为 1995—2015 年的数据，间隔 5 年。由于土地利用类型在短期内变化不大，同时结合实际的数据情况，本章对土地利用数据的利用方法为当年的土地利用类型和前后各两年共 5 年的土地利用类型是一致的，即 2008—2012 年的土地利用类型与 2010 年的土地利用类型一致。

由图 5.9 可知，1997—2017 年，长江经济带土壤保持量存在波动增长趋势，共增长了约 1.19×10^{12}t，土壤保持量最高是在 2014 年，最低是在 2001 年。

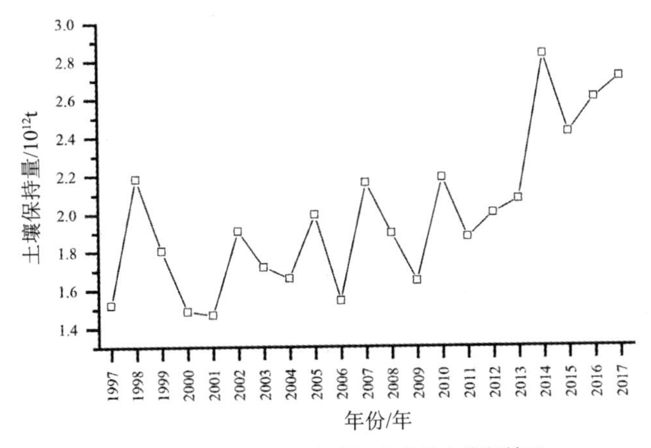

图5.9 1997—2017年长江经济带土壤保持量

长江经济带部分年份土壤保持量如图 5.10 所示。长江经济带的土壤保持量呈现出西部地区较大、东部地区偏小、中部地区的北部较大、四川盆地较小等格局。

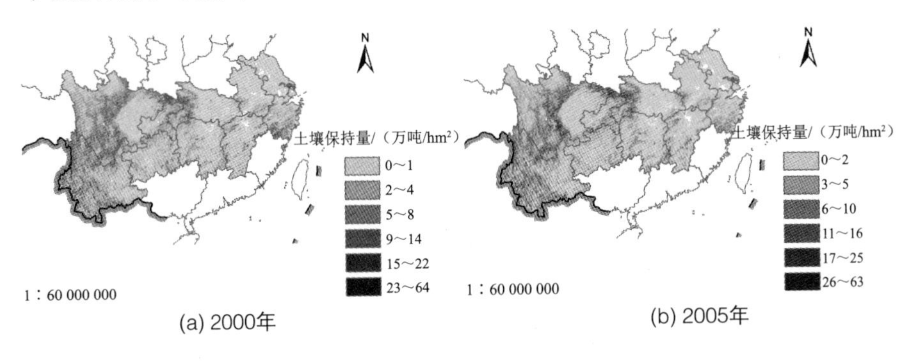

(a) 2000年 (b) 2005年

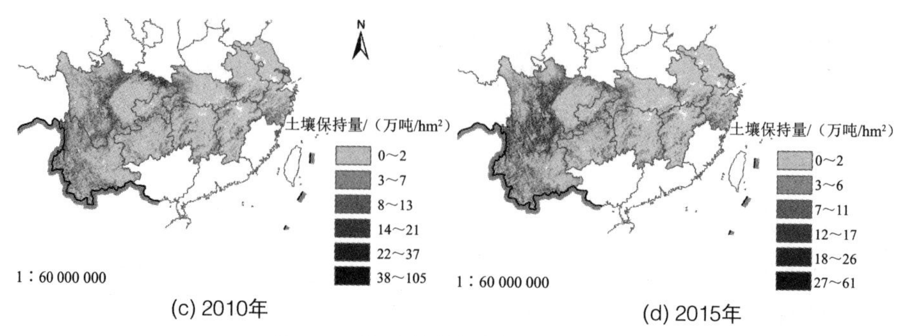

(c) 2010年　　(d) 2015年

图5.10　长江经济带部分年份土壤保持量

2. 土壤保持价值

从恢复生态学的角度，本章主要进行废弃土地减少（V_{41}）和泥沙淤积减少（V_{42}）两种价值的估算，分别采用机会成本法和影子工程法计算。

$$V_4 = V_{41} + V_{42} \tag{5.31}$$

$$V_{41} = A_c \times \sum P_i \Big/ (10^4 \times \rho \times h) \tag{5.32}$$

$$V_{42} = 0.24 \times A_c \times C / \rho \tag{5.33}$$

式中，A_c表示土壤保持量；P_i表示第i种土地利用类型的机会成本；ρ表示土壤容重；h表示土壤厚度；C表示修建水库单位成本。

由图5.11可知，1997—2017年，长江经济带土壤保持价值整体呈现出增长的趋势，且增长趋势较明显。1997年和2017年分别处于该时段土壤保持价值的最低点和最高点，增加了约32 636.13亿元。

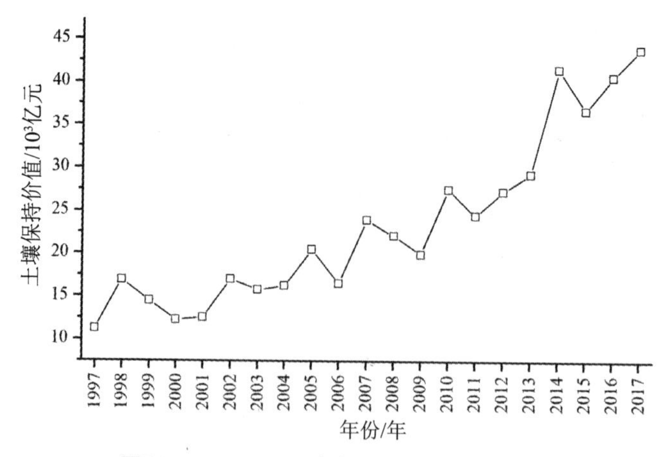

图5.11　1997—2017年长江经济带土壤保持价值

5.2.5 生态系统服务价值动态化分析

不同省市的自然和社会等因素是有差别的，其生态系统服务价值也因自然、资源等差异存在区域性特征。1997—2017 年，长江经济带各省市及总的生态系统服务价值，如图 5.12 所示。

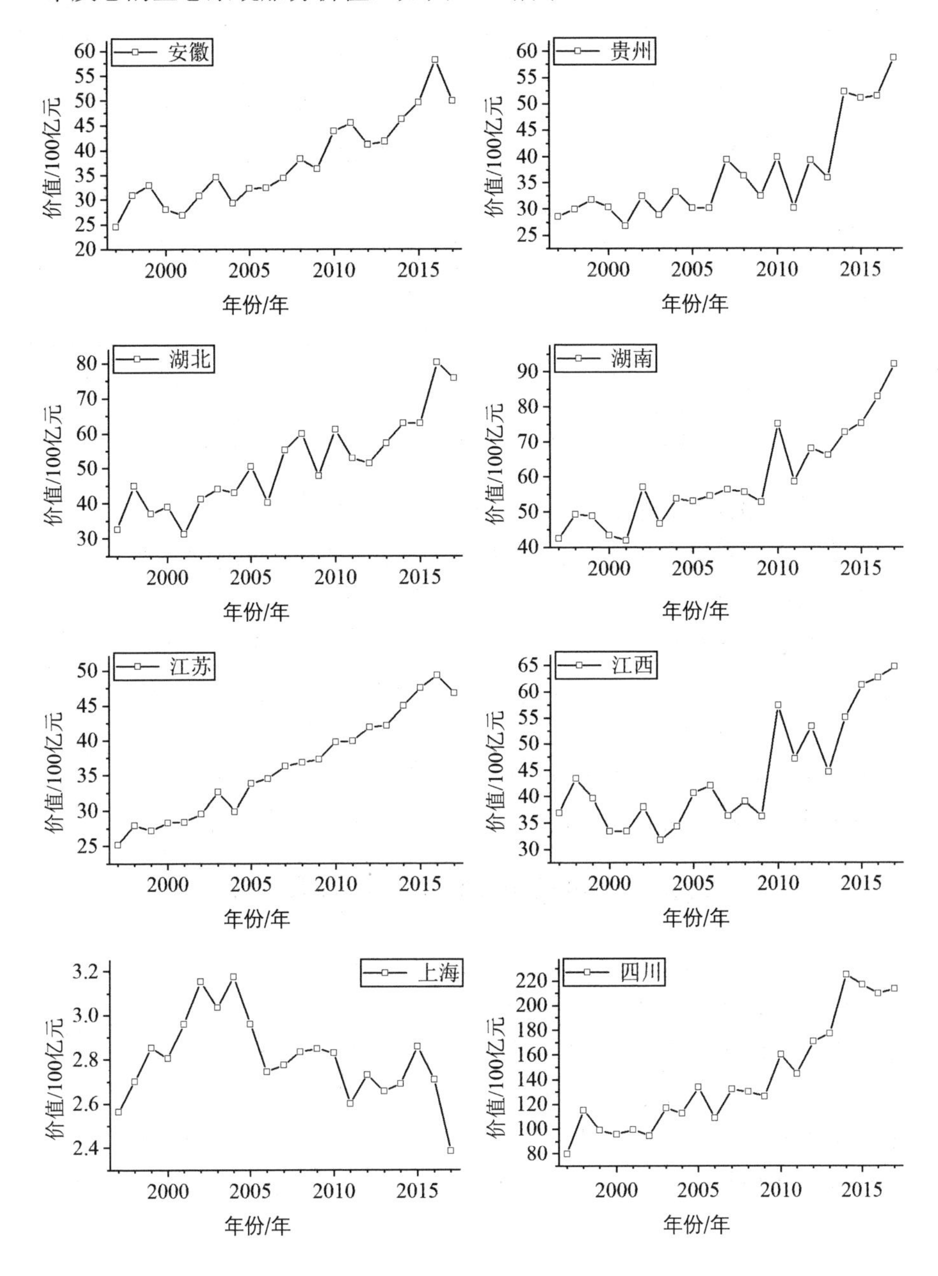

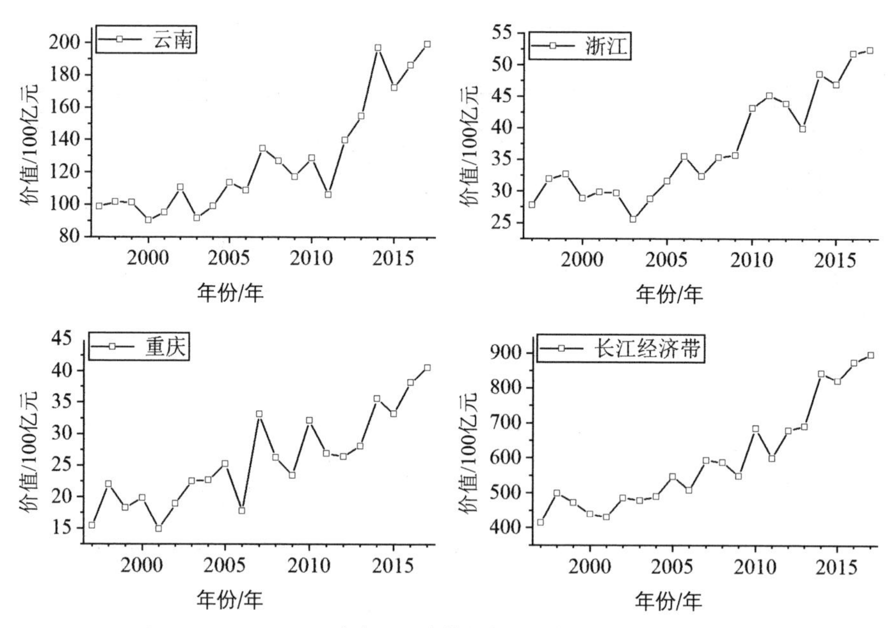

图5.12　1997—2017年长江经济带各省市及总的生态系统服务价值

1997—2017 年，长江经济带生态系统服务价值在整体上呈现出增长的趋势，且增长趋势明显。以 2021 年为时间节点，生态系统服务价值增加了 48 165.59 亿元，平均来看，生态系统服务价值最大的是四川省，其余依次是云南、湖南、湖北、江西、安徽、浙江、贵州、江苏、重庆和上海，四川和云南超过了万亿元，湖南和湖北超过了 5000 亿元，江西、安徽、浙江、贵州和江苏均超过了 3000 亿元，重庆超过了 2500 亿元，上海最低。在长江经济带的各省市中，除了上海，其余各省市生态系统服务价值都呈现出增长的趋势。

5.2.6　生态系统服务价值空间差异化分析

以自然断点的方法，本章将长江经济带的生态系统服务价值划分为四个级别，级数越高表明生态系统服务价值就越大。本章选取长江经济带部分年份的生态系统服务价值呈现其空间格局，如图 5.13 所示。

长江经济带的生态系统服务价值整体上呈现西部高、东部低、中部稍高的格局。西部的四川和云南级别最高，中部地区由湖北和湖南较高逐渐演变成湖北、湖南和江西较高，其余各省市较低。

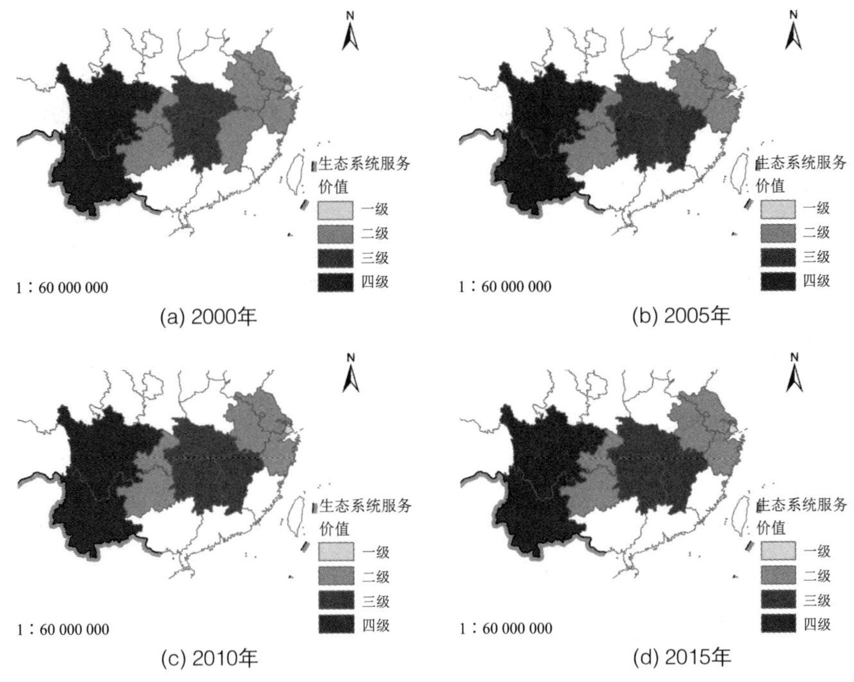

图5.13 长江经济带部分年份生态系统服务价值空间差异

5.3 生态补偿标准核算

5.3.1 生态补偿标准动态化分析

生态补偿标准的核算是生态补偿研究的核心问题，但多数学者对生态补偿标准的研究往往是静态的，这样的研究并不能很好地反映出生态补偿的变化趋势。且大多数学者的研究并未基于同一基期，可比性较差。本章在以 1997 年为基期，在 21 年中逐年进行生态系统服务价值估算的基础上，利用构建的生态补偿差别化模型，进行各省市生态补偿的核算，并以此推测各省市生态补偿的发展趋势，如图 5.14 所示。

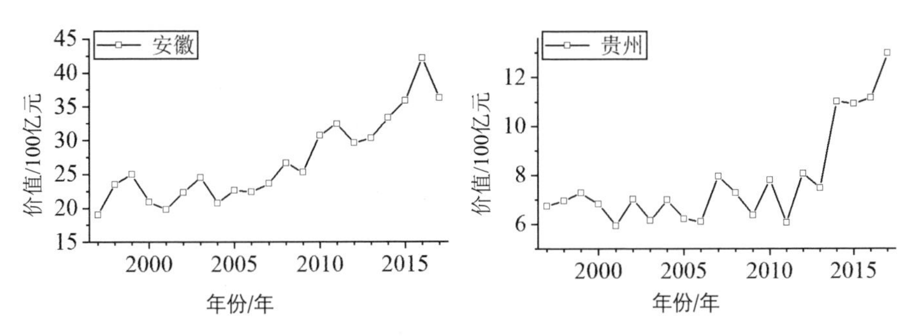

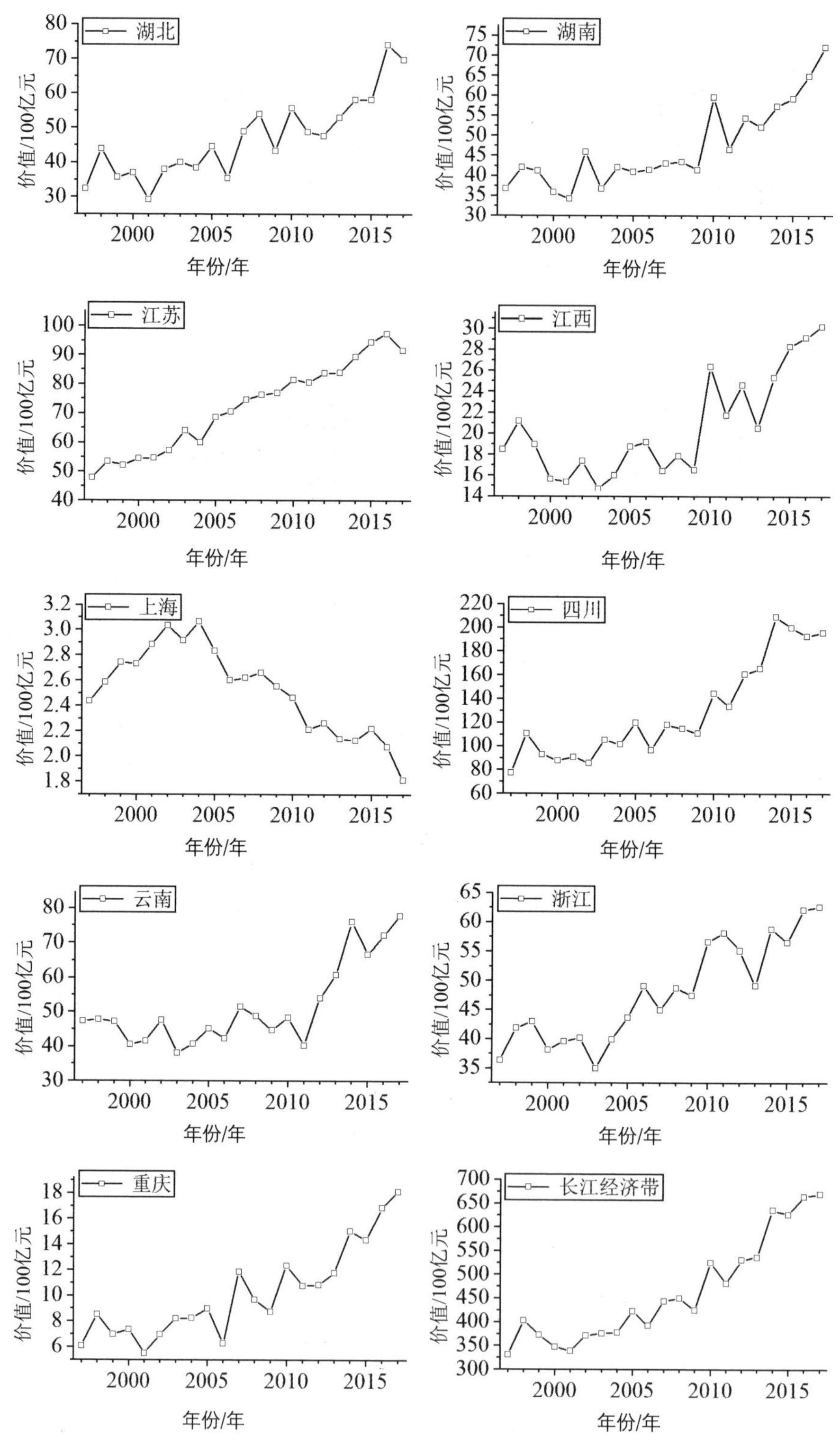

图5.14　1997—2017年长江经济带生态补偿

由图 5.14 可知，1997—2017 年，长江经济带生态补偿总体呈现增长的趋势，从 330.62 亿元增加到了 668.99 亿元。在这 21 年间，生态补偿平均值最大的是四川，约为 129.23 亿元，超过 40 亿元的包括江苏、云南、浙江、湖南和湖北，超过 10 亿元的包括安徽、江西、重庆，其余依次是贵州和上海。

5.3.2 生态补偿标准空间差异化分析

本章利用自然断裂法将长江经济带部分年份的生态补偿值通过自然断裂法划分为四个等级（见图 5.15），等级越高则生态补偿值也越高。在空间分布上，长江经济带生态补偿整体上自西向东呈现高低错落的格局，四川处于最高等级（四级），之后是云南、湖北、湖南、江苏和浙江，再后是安徽和江西，处在最低级别（一级）的是重庆、贵州和上海。1997—2017 年的平均生态补偿也符合该分布状况。

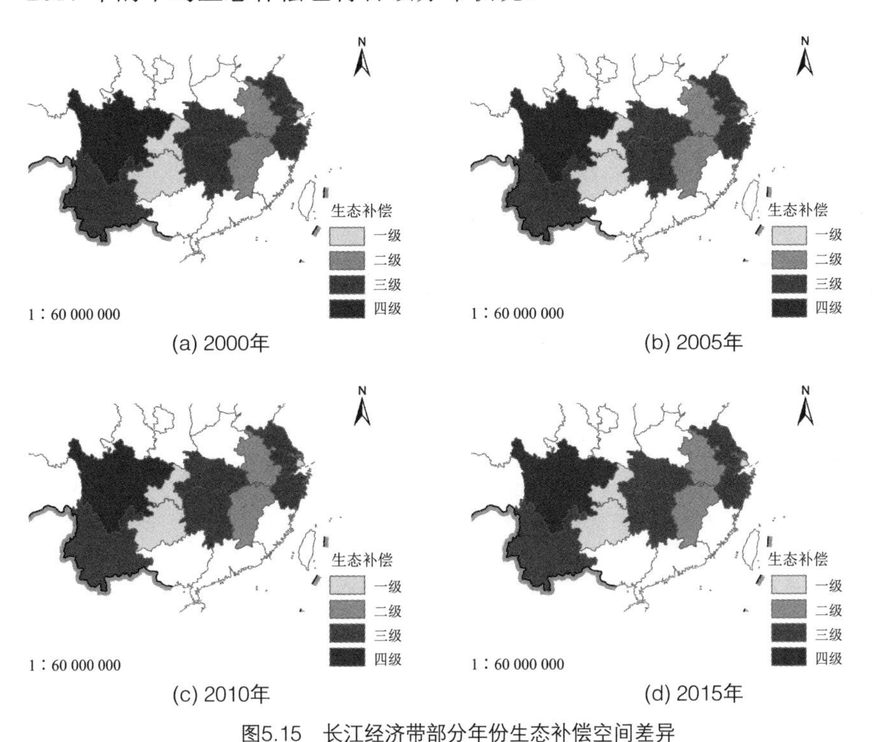

图5.15　长江经济带部分年份生态补偿空间差异

5.4 本章小结

本章首先介绍了生态补偿的量化模型。通过生态系统服务价值，结合GDP和恩格尔系数算出补偿能力系数，得到区域间生态补偿差别化模型。

其次进行了长江经济带碳储存、水源供给和土壤保持等生态系统服务价值的估算。碳储存采用土地利用数据与碳密度数据计算得到，长江经济带整体碳储存存在减少的现象，共计减少了7.86亿t，地均碳储存最大的是云南，为312.33t/hm^2，其余依次是湖南、江西、浙江、贵州、湖北、重庆、四川、安徽、江苏和上海。水源供给使用年降水量、年潜在蒸散发量、植物可利用含水量、最大土壤深度、蒸散系数、根系深度等参数，通过InVEST模型计算得到。1997—2017年，长江经济带的水源供给呈现波动变化的特征，整体上增加了971.84mm，2011年水源供给为最低值，2016年达到最高值。本章通过改进的土壤流失方程计算长江经济带土壤保持量，由土壤潜在侵蚀量与土壤实际侵蚀量之差得到土壤保持量。

再次，进行生态系统服务价值估算，在估算生态系统服务的基础上，结合相关价值系数，得到各生态系统服务价值。产品供给使用统计年鉴中的农、林、牧、渔业产值来衡量产品供给的价值，并将其折算为以1997年为基期的价值，长江经济带的产品供给价值呈现明显的增长趋势。通过NPP数据分别计算固碳价值和释氧价值，长江经济带的固碳释氧价值存在波动，整体上存在一个增长的状况，固碳价值平均为5260.74亿元，略高于释氧价值平均值5195.42亿元。从2000年到2015年，固碳价值增加了539.36亿元，释氧价值增加了532.67亿元。使用影子工程法计算水源供给价格，进行修建相同容量的水库所需成本计算。1997—2017年，长江经济带的水源供给价值平均值约为9798.99亿元。从研究末期看，存在增加的状况，约增加了971.84亿元。从恢复生态学的角度估算土壤保持价值，主要进行废弃土地减少和泥沙淤积减少两种价值的估算，1997—2017年，长江经济带土壤保持价值整体呈现出增长的趋势，且增长趋势较明显。

最后进行长江经济带的生态补偿标准核算。用构建出的生态补偿模型，结合本章计算出的生态系统服务价值，计算出1997年的生态补偿值，1997—2017年，长江经济带生态补偿值增加了338.37亿元，呈现出增加的趋势。生态补偿平均值最大的是四川，约为129.23亿元，超过40亿元的依次是江苏、云南、浙江、湖南和湖北，超过10亿元的依次是安徽、江西、重庆，其余依次是贵州和上海。整体空间格局呈现东西高低错落的状况。

6

长江经济带生态补偿与经济增长内生增长模型构建

经济增长往往带来对生态环境的破坏，要使经济与环境协同发展，须对生态环境进行生态补偿，同时生态补偿也应随经济增长进行动态变化。因此，本章在Romer内生增长模型的基础上，在生产部门、物质资本部门、研发部门、人力资本部门、环境部门分别构建函数，构建长江经济带经济可持续内生增长模型，并利用Hamilton函数寻求长江经济带生态补偿与经济增长内生增长模型的最优解。

6.1 长江经济带生态补偿与经济增长内生增长模型构建

内生增长理论从新古典经济增长模型发展而来，是宏观经济学领域被用于解释经济增长的最重要的理论之一。在Romer和Lucas的内生增长模型出现后，学者重新开始了对经济增长研究的关注。随后，部分学者对经济增长进行了深入研究，将环境因素引入内生增长框架研究经济增长，如Bovenberg和Smulders在Romer模型的基础上纳入环境因素[47]。越来越多学者在引入环境因素的基础上，同时考虑环境治理问题，如黄茂兴等将环境污染当作生产要素，并引入环境管理费用，构建了五部门内生增长模型[91]。目前，在环境治理手段中，生态补偿是一种公认的十分有效的手段，本书结合前人的研究成果，将生态补偿引入内生增长模型，剖析经济增长和生态补偿两者之间的关系。

假设一个封闭的经济系统包括生产部门、物质资本部门、研发部门、人力资本部门、环境部门，有五种投入要素——知识（A）、人力资本（H）、劳动（L）、资本（K）和环境（E）。其中，人力资本（H）分为三部分，部分投入生产部门进行产品生产（H_Y），部分投入研发部门进行新技术开发（H_A），剩余人力资本投入人力资本部门自身（H_H），即

$H = H_Y + H_A + H_H$。环境作为一种特殊的要素，被投入生产部门进行产品生产[91]；同时生产给环境带来了损耗，使得环境存量减少。为了增加环境存量，除了依赖环境系统自身的再生能力，还需要进行生态环境的治理。若不进行环境治理工作，只依靠环境自身的再生能力，那么随着生产带来的环境存量减少，环境再生能力就会不断减弱，最后陷入环境存量一直减少的恶性循环。

各类变量的解释及计算，本章将在下面一一展开。

6.1.1　生产部门

参考相关学者[117]对Romer模型的解释，在最终产品生产中，Y的生产分为多个步骤。

第一步，假定知识由一系列资本因子组成，即$\{x_1, x_2, \cdots, x_i\}$。假设最终产品的生产函数是Cobb-Douglas类型：

$$Y = H_Y^{\alpha} L^{\beta} \left(x_1^{1-\alpha-\beta} + x_2^{1-\alpha-\beta} + \cdots + x_i^{1-\alpha-\beta} \right) \tag{6.1}$$

第二步，令i为连续变量，则生产函数变为：

$$Y = H_Y^{\alpha} L^{\beta} \int_0^A x(i)^{1-\alpha-\beta} di \tag{6.2}$$

所有$x(i)$对称地进入被积函数，则所有$x(i)$存在共同值$\overline{x}$，得：

$$\int_0^A x(i)^{1-\alpha-\beta} di = \int_0^A \overline{x}^{1-\alpha-\beta} di = \overline{x}^{1-\alpha-\beta} \int_0^A di = A\overline{x}^{1-\alpha-\beta} \tag{6.3}$$

则Y的形式变为：

$$Y = H_Y^{\alpha} L^{\beta} A\overline{x}^{1-\alpha-\beta} \tag{6.4}$$

第三步，假设资本是生产除去消费后剩下的部分，资本和消费都遵从一致的最终产品的生产函数；并假设生产1单位产品，需要投入γ单位资本，则：

$$K = \gamma A\overline{x} \quad \rightarrow \quad \overline{x} = \frac{K}{\gamma A}$$

此时，Y的形式变为：

$$Y = H_Y^{\alpha} L^{\beta} A \left(\frac{K}{\gamma A} \right)^{1-\alpha-\beta} = H_Y^{\alpha} L^{\beta} A^{\alpha+\beta} K^{1-\alpha-\beta} \gamma^{\alpha+\beta-1} \tag{6.5}$$

对上式进行简化处理，假设生产1单位产品，恰好需要投入1单位资本，则：

$$Y = H_Y^{\alpha} L^{\beta} A^{\alpha+\beta} K^{1-\alpha-\beta} \tag{6.6}$$

在Romer提出的内生增长模型的基础上，本章把环境要素作为生产投入的一种要素纳入生产部门的模型。[84] 最终产品产出函数满足Cobb-Douglas函数生产形式，则最终产品部门的总量生产函数为：

$$Y = A^{(\alpha+\beta)} {H_Y}^{\alpha} L^{\beta} K^{\gamma} P^{\chi} \qquad \alpha+\beta+\gamma+\chi=1 \tag{6.7}$$

式中，Y表示最终产出；A表示知识存量；H_Y表示投入最终产品部门的人力资本；L表示投入的劳动力；K表示物质资本存量；P表示在生产中投入的环境要素，是对环境的损耗；$\alpha+\beta$、α、β、γ、χ分别是知识存量、生产部门人力资本、劳动力、物质资本和环境要素的弹性系数。

6.1.2 物质资本部门

物质资本的增加量等于净投资，即总产出Y与总消费C之差，物质资本的折旧不影响平衡条件下的增长率，所以不予考虑。[88]

$$\dot{K} = Y - C \tag{6.8}$$

式中，$\dot{K}$表示物质资本的增加量，C表示总消费。

在环境治理时，可通过生态补偿改善环境并抵消生产中的环境损耗，提高环境存量，则物质资本积累函数为：

$$\dot{K} = Y - C - V \tag{6.9}$$

式中，V表示生态补偿额度。

6.1.3 研发部门

根据Romer模型对研发部门的设定，知识本身的存量A和投入用于研发的人力资本H_A决定了知识的增加量。

$$\dot{A}=\delta_A H_A A \tag{6.10}$$

式中，$\dot{A}$表示知识的增加量；δ_A表示研发部门的生产效率，$\delta_A>0$；H_A表示投入研发部门的人力资本。

6.1.4 人力资本部门

人力资本部门从事人力资本的开发工作，总的人力资本H分为H_Y、H_A和H_H，其中H_H是人力资本投入人力资本开发的部分。本书在此参考Lucas设定的人力资本函数。

$$\dot{H} = \delta_H H_H \tag{6.11}$$

式中，$\dot{H}$表示人力资本的增加量；δ_H表示人力资本开发部门的效率，$\delta_H>0$。

6.1.5 环境部门

假设当前的环境存量为$E(t)$，初始存量为$E(0)$，用于生产的环境要素为P。P是对环境的损耗，会随时间影响环境的存量。

$$E(t) = E(0) - \int_0^t P(i)di \tag{6.12}$$

由上式可得，环境存量的增加量$\dot{E} = -P$。

而生态系统自身是具有调节能力的，即环境有一定的再生能力，对生产造成的污染有一定的自净能力。环境再生能力的强弱由环境存量多少来决定，则这部分由其自身带来的环境存量的增加量为：

$$\dot{E} = \theta E \tag{6.13}$$

式中，$\dot{E}$表示环境存量的增加量；θ表示环境自净系数，$\theta>0$。

除了环境本身的再生能力，当生态补偿被用于改善环境时，生态补偿也会为环境带来正面的影响，改善当前环境，使环境存量增加。但还存在生态补偿回报率的问题，即生态补偿投入后，能为环境存量带来多大回报，能增加多少环境存量。假设生态补偿带来的环境存量的增加量为：

$$\dot{E} = V^{\varepsilon} \tag{6.14}$$

式中，ε为生态补偿回报率，$\varepsilon > 0$。

同时考虑环境污染、环境再生和生态补偿投入对环境存量的影响，则环境存量增加量为：

$$\dot{E} = \theta E + V^{\varepsilon} - P \tag{6.15}$$

五部门经济运行机制，如图 6.1 所示。

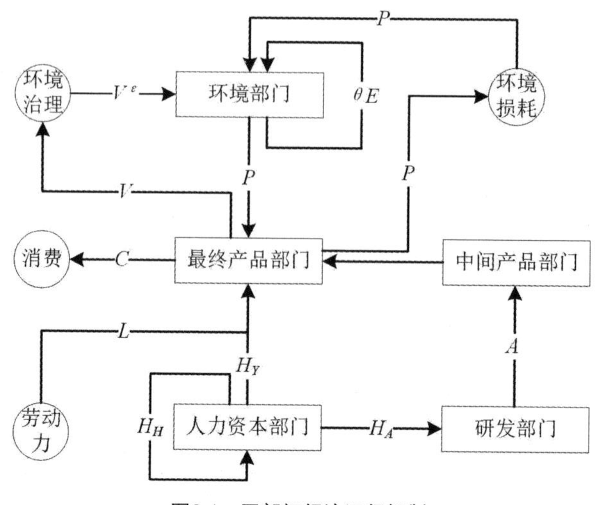

图6.1　五部门经济运行机制

6.1.6　效用函数

参考Grimaud和Rouge等多数学者对Ramsey效用函数的改进，本章将环境质量方程引入效用函数。

$$U(C,E)=\frac{C^{1-\sigma}-1}{1-\sigma}+\frac{E^{1+\omega}-1}{1+\omega} \tag{6.16}$$

式中，σ表示相对风险厌恶系数，$\sigma>0$；ω表示环境意识参数，是消费者对环境的偏好程度，$\omega>0$。

6.2　长江经济带生态补偿与经济增长内生增长模型最优平衡解

假定在经济系统中存在一个社会计划者（政府），探寻它在无限时域下经贴现的社会总效用的最大化，这是一个动态最优化问题，可以表示为：

$$\begin{aligned}
&\max\int_0^{\infty}U(C,E)e^{-\rho t}dt\\
&s.t.\;\; Y=A^{(\alpha+\beta)}H_Y{}^{\alpha}L^{\beta}K^{\gamma}P^{\chi}\\
&\qquad \dot{K}=Y-C-V\\
&\qquad \dot{A}\quad \delta_A H_A A\\
&\qquad \dot{H}=\delta_H H_H\\
&\qquad \dot{E}=\theta E+V^{\varepsilon}-P
\end{aligned} \tag{6.17}$$

通过建立的经济可持续内生增长模型，求最优增长路径。

建立如下Hamilton函数：

$$Ha=\frac{C^{1-\sigma}-1}{1-\sigma}+\frac{E^{1+\omega}-1}{1+\omega}+\lambda_1\left(Y-C-V\right)+\lambda_2\delta_A H_A A+\lambda_3\delta_H H_H+\lambda_4\left(\theta E-R+V^{\varepsilon}\right)\quad(6.18)$$

式中，控制变量为C、P、V、H_A和H_Y，状态变量为K、A、H、E。

Ha最大化的一阶条件为：

$$\begin{cases}\lambda_1=C^{-\sigma}\\ \lambda_1\chi\dfrac{Y}{P}=\lambda_4\\ \lambda_1=\lambda_4\varepsilon V^{\varepsilon-1}\\ \lambda_2\delta_A A=\lambda_3\delta_H\\ \lambda_1\alpha\dfrac{Y}{H_Y}=\lambda_3\delta_H\end{cases}\quad(6.19)$$

欧拉方程为：

$$\begin{cases}\dot{\lambda}_1=\rho\lambda_1-\dfrac{\partial Ha}{\partial K}=\rho\lambda_1-\lambda_1\gamma\dfrac{Y}{K}\\ \dot{\lambda}_2=\rho\lambda_2-\dfrac{\partial Ha}{\partial A}=\rho\lambda_2-\left[\lambda_1\left(\alpha+\beta\right)\dfrac{Y}{A}+\lambda_2\delta_A H_A\right]\\ \dot{\lambda}_3=\rho\lambda_3-\dfrac{\partial Ha}{\partial H}=\rho\lambda_3-\lambda_3\delta_H\\ \dot{\lambda}_4=\rho\lambda_4-\dfrac{\partial Ha}{\partial E}=\rho\lambda_4-\left(E^{\omega}+\lambda_4\theta\right)\end{cases}$$

（6.20）

横截性条件：

$$\lim_{t\to\infty}\lambda_1 Ke^{-\rho t}=0,\lim_{t\to\infty}\lambda_2 Ae^{-\rho t}=0,\lim_{t\to\infty}\lambda_3 He^{-\rho t}=0,\lim_{t\to\infty}\lambda_4 Ee^{-\rho t}=0\quad(6.21)$$

本书利用一阶条件、欧拉方程和横截性条件描述动态最优过程。

由一阶条件和第一个欧拉方程可得：

$$\frac{\dot{C}}{C}=\left(\gamma\frac{Y}{K}-\rho\right)\Big/\sigma\quad(6.22)$$

上式表明，消费者的时间贴现率ρ越小，就越关心子孙后代的利益，可持续最优发展就越容易实现。

对一阶条件取对数并对时间求导，用$g_X=\dot{X}/X$表示变量X的增长率，可得：

$$g_{\lambda_1} = -\sigma g_C \tag{6.23}$$

$$g_{\lambda_1} + g_Y = g_P + g_{\lambda_4} \tag{6.24}$$

$$g_{\lambda_1} = g_{\lambda_4} + (\varepsilon - 1) g_V \tag{6.25}$$

$$g_{\lambda_2} + g_A = g_{\lambda_3} \tag{6.26}$$

$$g_{\lambda_1} + g_Y = g_{\lambda_3} + g_{H_Y} \tag{6.27}$$

根据生产函数、环境存量方程和欧拉方程，可得：

$$g_Y = (\alpha + \beta) g_A + \alpha g_{H_Y} + \beta g_L + \gamma g_K + \chi g_P \tag{6.28}$$

$$g_E = g_P \tag{6.29}$$

$$g_{\lambda_1} = \rho - \gamma \frac{Y}{K} \tag{6.30}$$

$$g_{\lambda_3} = \rho - \delta_H \tag{6.31}$$

$$g_{\lambda_4} = -\omega g_E \tag{6.32}$$

联立（6.23）—（6.32）方程，求得最优路径上的增长率：

$$g_Y = g_K = g_C = g_V \tag{6.33}$$

$$g_P = g_E \tag{6.34}$$

$$g_H = g_{H_Y} = g_{H_A} = g_{H_H} \tag{6.35}$$

$$g_{H_Y} = \left(1 - \sigma\right) g_Y + \left(\delta_H - \rho\right)$$

$$g_E = \frac{\sigma + \left(\varepsilon - 1\right)}{\omega} g_Y \tag{6.36}$$

$$g_Y = g_K = g_C = \frac{\left(\alpha + \beta\right) \delta_A H_A + \alpha \left(\delta_H - \rho\right)}{1 - \alpha + \alpha\sigma - \gamma - \dfrac{\chi\left(\sigma + \varepsilon - 1\right)}{\omega}} \tag{6.37}$$

要使经济可持续增长最优路径存在，则$g_Y > 0$，同时，如果不进行生态补偿，则必须满足$g_Y < \theta$，即

$$\left(\alpha + \beta\right) \delta_A H_A + \alpha(\delta_H - \rho) < \theta\left[\frac{\omega}{\sigma + \varepsilon - 1}\left(1 - \alpha + \alpha\sigma - \gamma\right) - \chi\right] \tag{6.38}$$

这表明环境质量只能靠环境自身的再生能力来提高，环境的再生能力必须大到足以抵消污染损害才能保证环境质量不会陷入持续恶化的状态。

根据公式(6.37)，在经济的最优增长路径上，生态补偿被投入之后，其回报率会影响到经济增长的最优率。生态补偿回报率对经济增长起到正向作用($\partial g_C/\partial \varepsilon > 0$)，即生态补偿回报率越高，则对经济增长越有利。而生态补偿回报率是由多种因素决定的，如生态补偿费用的管理效率、生态补偿实施的技术水平等。

假定生态补偿投入后，能得到相等的回报，即$\varepsilon=1$，则$g_Y=g_K=g_C=g_E=g_P$。

$$g_Y = g_K = g_C = \frac{(\alpha+\beta)\delta_A H_A + \alpha(\delta_H - \rho)}{\beta + \alpha\sigma} \tag{6.39}$$

分析参数δ_A、H_A、δ_H、σ、ρ对最优增长率的影响，求这些参数的偏导数，$\partial g_C/\partial \delta_A > 0$，$\partial g_C/\partial H_A > 0$，$\partial g_C/\partial \delta_H > 0$，$\partial g_C/\partial \sigma < 0$，$\partial g_C/\partial \rho < 0$，表明研发部门效率、研发部门人力资本和人力资本开发效率越高，相对风险厌恶系数和时间贴现率越小，越有利于可持续的经济增长和环境保护。投入的人力资本越多，研发部门效率越高，则研发部门带来的回报就会持续增长，使得知识水平提升。生产部门在相同条件下的产出得到提升，带动最优增长率的提高。人力资本开发效率越高，人力资本积累越快，就能输出更多的人力资本到生产部门和研发部门，提高最优增长率。相对风险厌恶系数和时间贴现率小，体现了消费者对当前的物质消费不会过度追求，偏好未来消费，可持续意识强，这样就不会让生产部门在当前进行大规模的生产活动，从而导致环境污染加剧，最终使得最优增长率得到提高。

6.3 本章小结

本章基于新经济增长理论，构建长江经济带生态补偿与经济增长内生增长模型。假设一个封闭的经济系统包括最终产品部门、中间产品部门、研发部门、人力资本部门和环境部门，有五种投入要素：知识、人力资本、劳动、资本和环境。假定在经济系统中存在一个社会计划者(政府)，在无限时域下经贴现后的社会总效用的最大化，是一个动态最优化问题，求取最优平衡解。

7

长江经济带生态补偿与经济增长动态耦合关系

因本身的复杂性和外在因素的不确定性，生态补偿与经济增长之间的关系是当前研究的难点。厘清生态补偿与经济增长的耦合关系，并实现二者间相互作用的良性耦合是实现绿色发展的重要环节。因此，本章借鉴了物理学中的“耦合”理论，构建生态补偿与经济增长耦合协调模型，分析二者间相互作用、彼此影响的耦合作用大小，并进行综合评价，定量化评估长江经济带生态补偿与经济增长耦合关系。

7.1 耦合关系模型构建

耦合是指两个或两个以上的系统相互作用、彼此影响的现象，用“耦合度”度量，它反映了系统间相互作用的强弱程度，但并不能体现系统作用效果的好坏；“协调度”则体现了系统间相互作用的良性关系，当系统由无序状态走向有序状态时，其协调作用增强。因此通常用耦合协调度表征系统间的协调发展程度。生态补偿与经济增长是彼此关联、相互影响的两个系统，其中生态补偿是可持续发展的重要手段，经济增长是生态补偿的必要依托。生态补偿与经济增长的协调统一是维持绿色发展的重要过程。基于耦合协调理论，本章将揭示生态补偿与经济增长两个系统的耦合协调关系，有助于实现区域可持续发展。

7.1.1 评价指标选取原则

生态补偿与经济增长共同构成了内部相互关联的复杂系统，评价指标应当在遵循科学性、系统性、代表性和可获取性[118—120]等原则的前提下，能真实、客观、全面地反映长江经济带生态补偿与经济增长耦合协调关系。

1. 科学性原则。评价指标的选取应当从科学角度出发，确保选取的评价指标能真实客观地反映系统耦合的特征及内涵。

2. 系统性原则。系统性原则要求评价指标体系层次明晰、逻辑清晰、内容全面，以全局的视角综合全面地对评价对象进行分析。

3. 代表性原则。生态补偿与经济增长是结构复杂的复合系统，影响因素众多，评价指标选取应遵循代表性原则，最大限度表征生态补偿状况和经济发展情况，力求真实体现生态补偿与经济发展耦合进程。

4. 可获取性原则。本书内容涉及区域广，时间跨度长，涵盖长江经济带11个省市21年的相关数据，因此在评价指标的选取上需考虑指标数据的可获取性和操作简便性，尽量选择不同省市、不同年份具有的共同指标，避免因部分数据缺失而对研究结论造成影响。

7.1.2　评价指标体系构建

遵循上述评价指标选取的科学性、系统性、代表性和可获取性，参照相关研究成果[121—123]，本书构建了长江经济带经济增长与环境（生态补偿）评价指标体系，见表7.1。本书将长江流域生态补偿与经济增长耦合关系指标体系分为两部分，分别为经济增长与环境（生态补偿）。

经济增长系统从经济发展水平、经济结构和经济活力三个层面来表征经济的增长情况。[122] 其中地区生产总值反映了地区经济总体发展水平，固定资产投资总额反映了地区建造开发水平，R&D投资额反映了地区科技发展水平，工业总产值反映了地区工业生产的规模和水平；第二产业比重反映了工业发展水平，第三产业比重反映了产业高级化程度，非农人口就业比重反映了就业结构特点；GDP增长率反映了区域经济增长速率，全社会固定资产投资增长率反映了社会企业产能的提升，城镇化率反映了社会发展进程，科技教育经费占GDP比重反映了社会后续发展动力。

环境（生态补偿）系统通过生态环境状态、生态环境压力、生态环境保护三个层面来衡量。其中生态环境状态可被理解为生态环境容量的体现，选用人均水资源量、森林覆盖率和人均公共绿地面积进行表示；生态环境压力反映人类生产发展对生态环境产生的外部性影响，本章选取对环境影响较大的工业生产活动指标，包含工业废水排放、工业废气排放、工业固废排放以及对自然资源产生压力的人口自然增长率；生态环境保护反映在环保实施过程中，政府和企业采取的行动对生态环境状况的影响，本章选取政府主导的资金投入指标，包含生态补偿资金投入、环保投资占GDP比重以及企业为减轻环境污染所做的努力，具体指工业废水排放达标率、工业废气去除率、工业固废综合利用率。生态补偿资金投入和环保投资占GDP比重在评价指标体系中能进一步体现经济增长与生态补偿的耦合关系。“+”和“-”分别表示对应指标的性质，正向指标数值越大越好，负向指标数值越小越好。

表 7.1 长江经济带经济增长与环境（生态补偿）评价指标体系

系统层	目标层	指标层	指标性质
经济增长	经济发展水平	地区生产总值/万元	+
		固定资产投资总额/万元	+
		R&D投资额/万元	+
		工业总产值/亿元	+
	经济结构	第二产业比重/%	+
		第三产业比重/%	+
		非农人口就业比重/%	+
	经济活力	GDP增长率/%	+
		全社会固定资产投资增长率/%	+
		城镇化率/%	+
		科技教育经费占GDP比重/%	+
环境（生态补偿）	生态环境状态	人均水资源量/m^3	+
		森林覆盖率/%	+
		人均公共绿地面积/m^2	+
	生态环境压力	工业废水排放/万t	-
		工业废气排放/亿标m^3	-
		工业固废排放/万t	-
		人口自然增长率/%	-
	生态环境保护	生态补偿资金投入/亿元	+
		环保投资占GDP比重/%	+
		工业废水排放达标率/%	+
		工业废气去除率/%	+
		工业固废综合利用率/%	+

7.1.3 熵值法

熵值法通过信息熵度量系统状态的无序程度，判断指标变化的相对幅度。熵值法是一种客观赋权法，能较好地克服指标赋权的主观性，具有更高的可信度。

1. 数据标准化

为了消除指标单位、正负性以及数量级对系统造成的影响，本章参考相关文献[124、125]，结合实际数据状况，采用极值标准化法对指标进行标准化处理，具体计算公式如下。

$$X'_{cij}=\begin{cases}\dfrac{X_{cij}-\min(X_{cij})}{\max(X_{cij})-\min(X_{cij})} & \text{正向指标}\\[2ex] \dfrac{\max(X_{cij})-X_{cij}}{\max(X_{cij})-\min(X_{cij})} & \text{负向指标}\end{cases} \tag{7.1}$$

式中，i表示年份，i=1,2,3,…,m；j表示第j项指标，j=1,2,3,…,n；c表示第c个省市，c=1,2,3,…,11；X'_{cij}表示c省（市）第i年的第j项指标标准化后的值；X_{cij}表示c省（市）第i年的第j项指标的原始数据值；$\min(X_{cij})$表示c省（市）第i年的第j项指标的最小值；$\max(X_{cij})$表示c省（市）第i年的第j项指标的最大值。

2. 指标熵值计算

为确保长江经济带经济增长与环境耦合协调评价的准确度和客观性，本章采用熵值法对各指标权重进行计算。

第j项指标熵值：

$$E_j = -k\sum_{i=1}^{m}\sum_{c=1}^{11} y_{cij} \ln y_{cij} (k = \frac{1}{\ln m}) \tag{7.2}$$

式中，E_j表示第j项指标的熵值；$y_{cij} = X'_{cij} \Big/ \sum_{i=1}^{m}\sum_{c=1}^{11} X'_{cij}$，当$y_{cij}$=0时，$y_{cij}\ln y_{cij}$=0。

（3）指标权重确定

第j项指标熵权：

$$w_j = \frac{1-E_j}{n-\sum_{j=1}^{n} E_j}, \sum_{j=1}^{n} w_j = 1, j = 1,2,3,\cdots,n \tag{7.3}$$

式中，w_j表示第j项指标的权重。

（4）指标综合功效

对上述指标进行赋权后，运用线性加权法计算长江经济带经济（U_1）与环境（U_2）的综合功效：

$$U_1(U_2) = \sum_{j=1}^{n} X'_{cij}\, w_j \tag{7.4}$$

式中，X'_{cij}表示第i年c省（市）的第j项指标标准化后的值；w_j表示第j项指标的权重。

7.1.4 耦合协调度评价模型

相互作用的多个系统耦合度模型：

$$C = \left[\frac{U_1 \times U_2 \times \cdots \times U_m}{\prod\left(U_i + U_j\right)}\right]^{1/n} \tag{7.5}$$

式中，C表示耦合度，n表示子系统个数。本章子系统为经济和环境，则

n=2，耦合度模型被变换为：

$$C = 2\left[\frac{U_1 \times U_2}{(U_1 + U_2)(U_1 + U_2)}\right]^{1/2} \tag{7.6}$$

参考相关研究成果[126]，本章对耦合度范围及其所处耦合阶段进行划分，见表 7.2。

表 7.2 耦合度范围与耦合阶段

耦合度范围	耦合阶段	耦合度范围	耦合阶段
$0 < C \leqslant 0.3$	低水平耦合阶段	$0.5 < C \leqslant 0.8$	磨合阶段
$0.3 < C \leqslant 0.5$	拮抗阶段	$0.8 < C \leqslant 1$	高水平耦合阶段

协调度模型可被用于评估经济与环境的协调程度。

$$T = \sqrt{\alpha U_1 \times \beta U_2} \tag{7.7}$$

$$D = \sqrt{C \times T} \tag{7.8}$$

式中，T表示经济与环境之间的综合协调指数；D表示耦合协调度；α和β是常数，假定经济和环境同等重要，则α=β=0.5。

参考相关研究成果[127]，本章对耦合协调度范围和耦合协调阶段进行划分，见表 7.3。

表 7.3 耦合协调度范围与耦合协调阶段

耦合协调度范围	耦合协调阶段	耦合协调度范围	耦合协调阶段
$0 < D \leqslant 0.1$	极度失调	$0.5 < D \leqslant 0.6$	勉强协调
$0.1 < D \leqslant 0.2$	严重失调	$0.6 < D \leqslant 0.7$	初级协调
$0.2 < D \leqslant 0.3$	中度失调	$0.7 < D \leqslant 0.8$	中级协调
$0.3 < D \leqslant 0.4$	轻度失调	$0.8 < D \leqslant 0.9$	良好协调
$0.4 < D \leqslant 0.5$	濒临失调	$0.9 < D \leqslant 1$	优质协调

7.2 耦合关系动态化分析

本章运用熵值法和耦合协调度评价模型，测算长江经济带各省市1997—2017年经济与环境的耦合度与耦合协调度，并绘制相应的时序变化曲线，如图 7.1 所示。

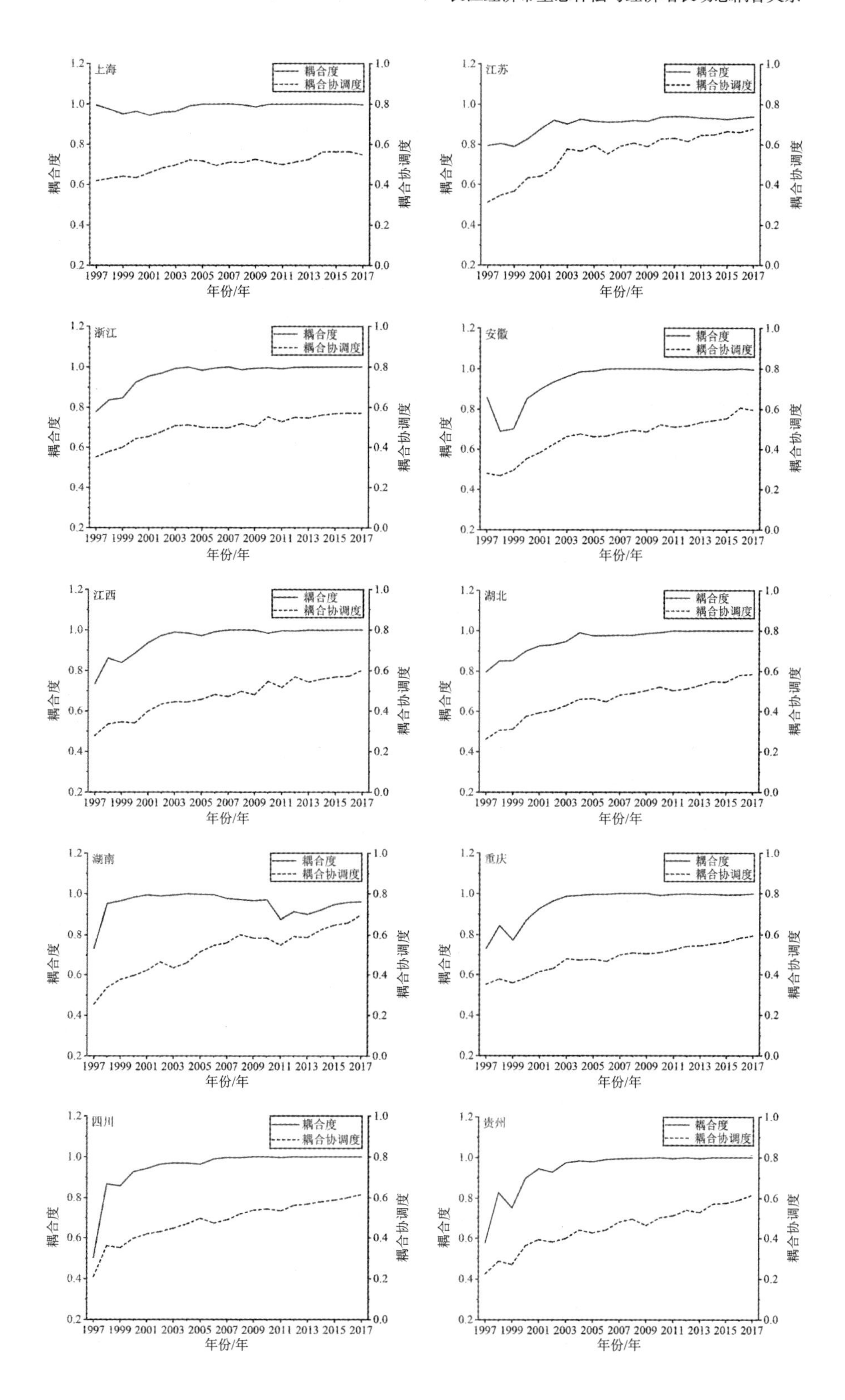
上海
江苏
浙江
安徽
江西
湖北
湖南
重庆
四川
贵州
耦合度
耦合协调度
年份/年

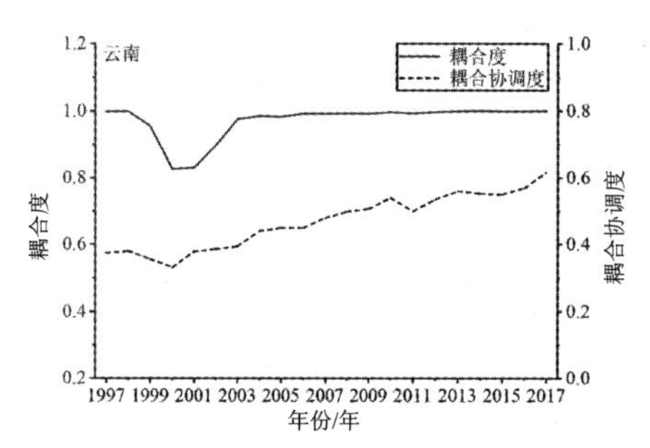

图 7.1　1997—2017 年长江经济带耦合度与耦合协调度

由图 7.1 可知，1997—2017 年，长江经济带各省市经济与环境的耦合度与耦合协调度均呈现波动上升的趋势。从整体的时序变化来看，长江经济带耦合度的平均值在 0.773 ～ 0.990，经历了由磨合到高水平耦合的过程；耦合协调度的平均值在 0.303 ～ 0.610，经历了由轻度失调到初级协调的过程。

上海的耦合度存在一定的下降趋势，但在研究期内均处于高水平耦合阶段；耦合协调度呈缓慢波动上升的趋势，经历了从濒临失调到勉强协调的过程。江苏耦合度先波动上升，后趋于平缓，除个别年份，整体处于高水平耦合阶段；耦合协调度先加速上升，后缓慢波动上升并趋于平缓，经历了从轻度失调到初级协调的过程。浙江耦合度先持续上升，后趋于平缓，除个别年份，整体处于高水平耦合阶段；耦合协调度呈缓慢波动上升的趋势，经历了从轻度失调到勉强协调的过程。安徽耦合度先急速下降，再快速上升，后趋于平稳，除个别年份，整体处于高水平耦合阶段；耦合协调度呈波动上升的趋势，经历了从中度失调到初级协调的过程。江西耦合度先波动上升，后趋于平缓，除个别年份，整体处于高水平耦合阶段；耦合协调度呈波动上升的趋势，经历了从中度失调到初级协调的过程。湖北耦合度与耦合协调度均呈波动上升的趋势，在耦合度上处于高水平耦合阶段，耦合协调度经历了从中度失调到勉强协调的过程。湖南耦合度先急速上升，后缓慢波动下降，除个别年份，整体处于高水平耦合阶段；耦合协调度呈波动上升的趋势，经历了从中度失调到初级协调的过程。重庆耦合度先上升后下降，再持续上升，最后趋于平缓，除个别年份整体处于高水平耦合阶段；耦合协调度呈缓慢波动上升的趋势，经历了从轻度失调到勉强协调的过程。四川耦合度先急速上升，后缓慢波动上升，再趋于平缓，除个别年份，整体处于高水平耦合阶段；耦合协调度先加速上升，后持续波动上升，经历了从中度失调到初级协调的过程。贵州耦合度先急速上升，后下降，再持续波动上升，最后趋于平缓，除个别年份，整体处于高水平耦合阶段；耦合协调度呈持续波动上升的趋势，经历了从中度失调到初级协调的过程。云南耦合度先下降后上升，最后趋于平稳，在研究期内均处于高水平耦合阶段；耦合协调度先存在一定下降趋势，后持续波动上升，经历了从轻度失调到初级协调的过程。长江经济带各省市经济与环境耦合度整体上均处于高水平耦合阶段，说明两系统的相互作用较大。耦合协调度虽然随着时间的推移在逐渐上升，但整体仍处于初级协调的阶段，说明两系统的协调能力较为一般，未来在考虑经济增长的同时仍需不断加强生态补偿的投入。

运用公式（7.4）测算长江经济带各省市1997—2017年经济与环境两个系统的综合功效，得出二者对长江经济带发展的贡献程度，并绘制相应的时序变化曲线，如图7.2所示。

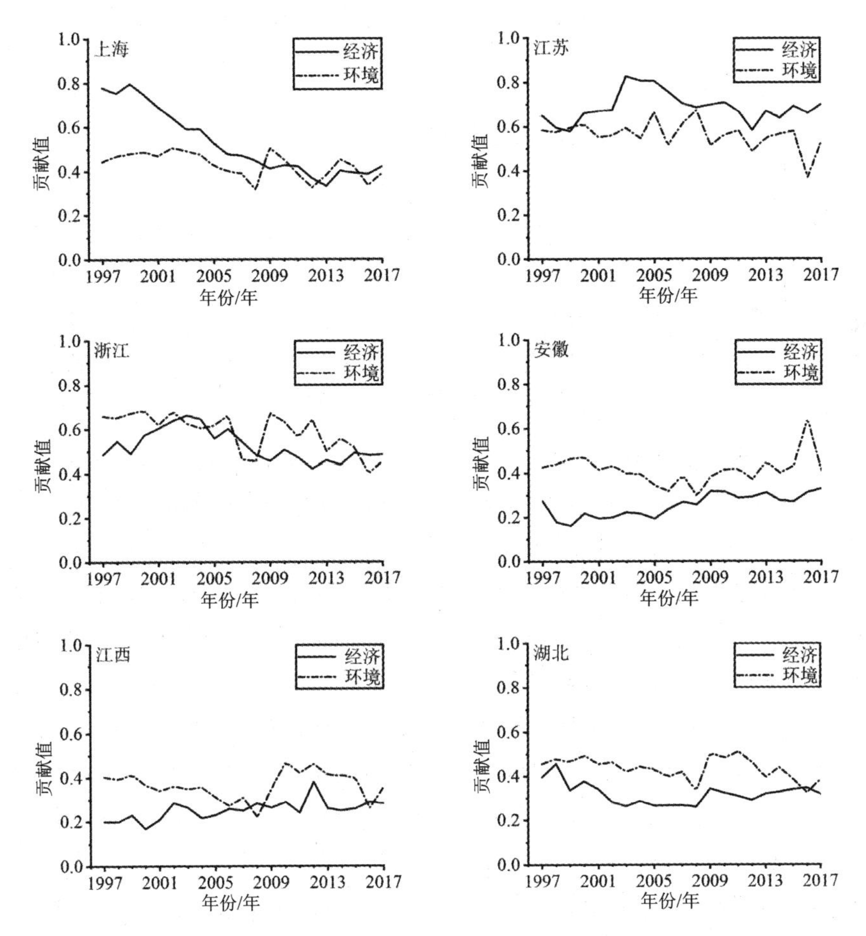

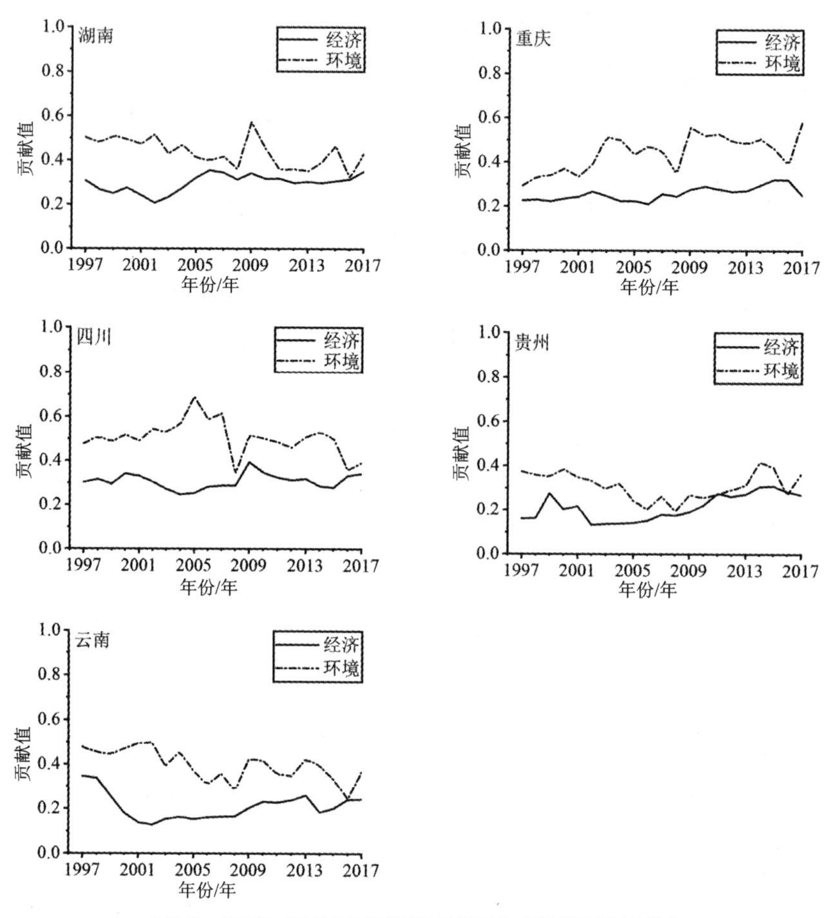

图7.2 1997—2017年长江经济带经济与环境子系统贡献值

基于两个子系统贡献值的不同，本章将发展类型划分为三类：当经济>环境，属于环境发展滞后型；当经济=环境，属于经济-环境发展同步型；当经济<环境，属于经济发展滞后型。

从时序变化上看，1997—2017 年长江经济带各省市经济与环境子系统对发展的贡献存在一定的差异。上海在研究初期属于环境发展滞后型，到中后期转化为经济-环境发展同步型。江苏在研究初期属于经济-环境发展同步型，到中后期转化为环境发展滞后型。浙江经历了由研究初期的经济发展滞后型到研究中期的经济-环境发展同步型，到研究后期的经济发展滞后型，最后到研究末期的环境发展滞后型的转变。安徽整体属于经济发展滞后型。除个别年份，江西在大部分年份均为经济发展滞后型。除个别年份，湖北在大部分年份均为经济发展滞后型。湖南整体属于经济发展滞后型，在研究后期两个系统贡献值的差距在逐渐减小，有向经济-环境同步发展型转化的趋势。重庆整体属于经济发展滞后型，且随着时间的推移，两个系统贡献值的差距在逐渐增大，需要引起注意。四川整体属于经济发展滞后型，在研究后期两个系统贡献值的差距在逐渐减小，有向经济-环境同步发展型转化的趋势。贵州整体属于经济发展滞后型，在研究后期两个系统贡献值的差距在逐渐减小，有向经济-环境同步发展型转化的趋势。云南整体属于经济发展滞后型，在研究末期两个系统贡献值的差距在增加，需加以重视。

不同的发展类型从侧面反映了经济与环境两者的关系。经济发展滞后型的地区，需要加快经济发展建设，同时要注重对生态环境的保护；而环境发展滞后型的地区，需要在进行经济发展的同时，加大对环境的保护力度，增加环保投资和生态补偿等。这些地区应采取一系列措施使自身逐渐转化为经济-环境同步型地区。

7.3　耦合关系空间差异化分析

为横向比较长江经济带11个省市经济与环境两大子系统耦合协调发展的情况，本章根据表7.3，对1997年、2000年、2003年、2006年、2009年、2012年、2015年以及2017年长江经济带经济与环境两大子系统耦合协调度进行划分并做空间可视化表示，如图7.3所示。

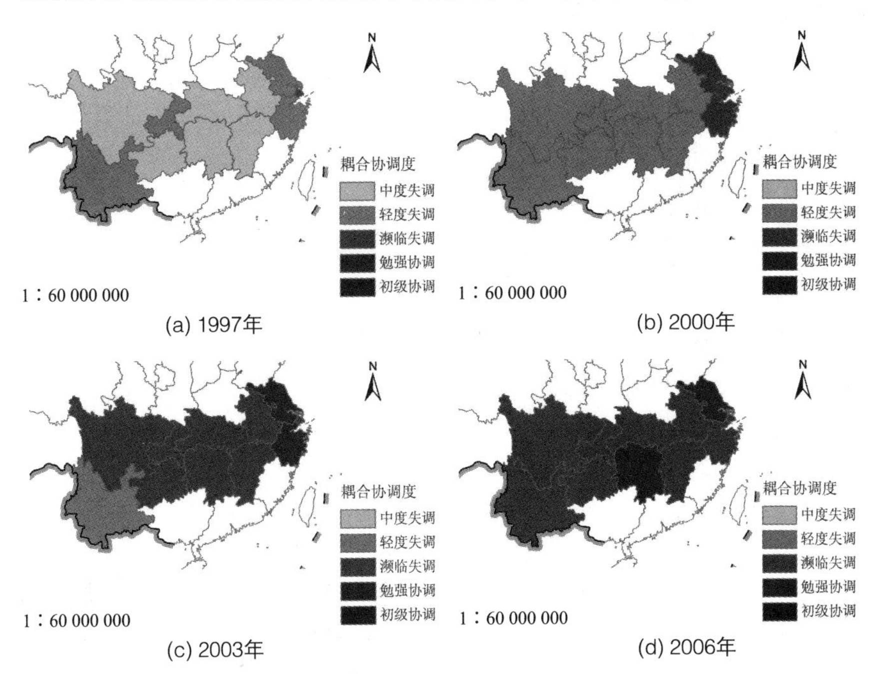

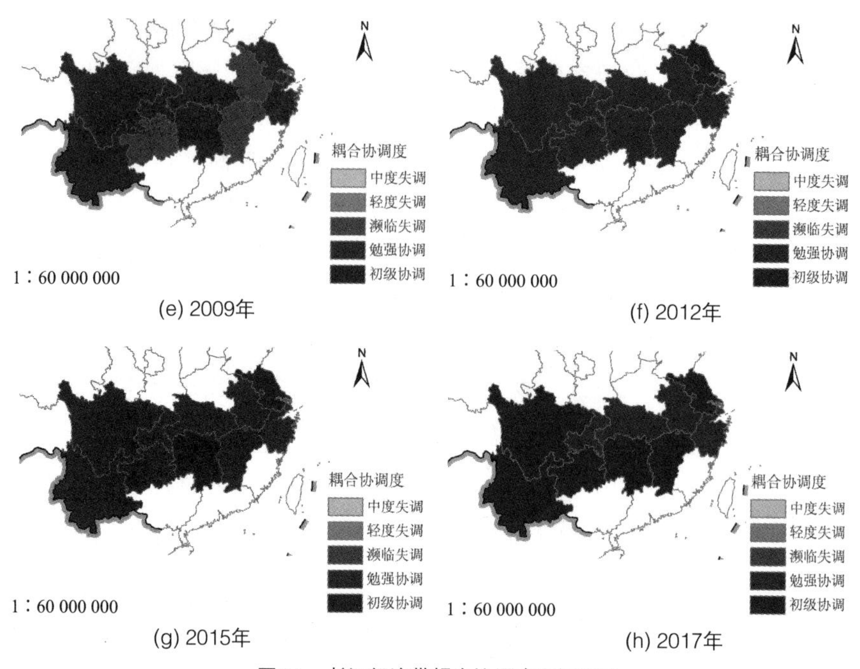

图7.3　长江经济带耦合协调度空间差异

由图7.3可知，1997—2017年长江经济带经济与环境耦合协调度具有明显的空间差异性，耦合协调度等级表现为中度失调、轻度失调、濒临失调、勉强协调和初级协调五种，在研究期内长江经济带各省市耦合协调度等级整体呈现上升改善的趋势。1997年，耦合协调度呈现高—低—高错落分布的格局，其中东部地区上海、江苏、浙江耦合协调度较高，中西部地区重庆、云南耦合协调度较高，但整体都处于失调的阶段。2000年，耦合协调度呈现东高西低的分布格局，其中东部地区上海、江苏、浙江高于其他中西部地区，但整体上仍处于濒临失调的阶段。2003年，耦合协调度呈现高低错落的分布格局，除了云南，其余各省市耦合协调度都呈上升的趋势。2006年，耦合协调度呈现中东部偏高的分布格局，除浙江耦合协调度有所降低，其余各省市都呈上升的趋势。2009年，耦合协调度呈现高—低—高错落分布的格局，除安徽、江西、贵州处于濒临失调的阶段，其余各省市均迈向勉强协调的阶段。2012年，耦合协调度整体空间格局变化不大，除江苏处于初级协调阶段，其余各省市均处于勉强协调阶段。2015年，耦合协调度呈现中东部偏高的分布格局，各省市在整体上耦合协调度上升，其中东部的江苏和中部的湖南最高，处于初级协调阶段。2017年，耦合协调度呈现高—低—高错落分布的格局，除浙江、安徽、湖北和重庆，其余省市均达到了初级协调的阶段。综合来看，在研究期内长江经济带各省市经济与环境耦合协调度均得到了一定的改善，整体上从中度失调逐渐迈向了初级协调阶段，但所属的协调阶段仍未达到良好优质的状态，未来仍需强化经济与环境的协调发展。

7.4 本章小结

本章研究了长江经济带经济增长与环境（生态补偿）的耦合关系。具体为先利用熵值法对指标权重进行赋权，再构建耦合度与耦合协调度模型对其进行实证研究，并进行时序上的动态化与空间上的差异化分析。

首先按照经济子系统和环境子系统构建指标体系，使用熵值法计算指标权重，进一步计算得到经济与环境子系统指标综合功效，再通过耦合度与耦合协调度模型算出长江经济带各省市 1997—2017 年的耦合度及耦合协调度。

接着进行长江经济带耦合关系的时间序列动态分析与空间差异化分析。长江经济带整体上处于高水平耦合阶段；耦合协调度大致经历了由轻度失调到初级协调的过程。按照经济与环境子系统的贡献值，本章将发展划分为三种类型，除了上海、江苏和浙江，其余各省市全部属于经济发展滞后型。空间格局也发生了较大变化，从研究初期的东西部较高、中部较低的格局，逐渐演变为全体趋向于初级协调的格局。

8

长江经济带生态补偿与经济增长运作机理

在对长江经济带经济增长（经济）与生态补偿（环境）的耦合关系进行量化分析的基础上，本章利用系统动力学模型将两个子系统耦合起来进行未来长期的情景模拟，定量化分析长江经济带生态补偿与经济增长的相互关系，并结合预测值，进一步探究二者之间的耦合机制与运作机理。

8.1 长江经济带生态补偿与经济增长运作过程模型构建

系统动力学由福瑞斯特（Jay W. Forrester）教授始创于 1956 年，经过不断的发展与完善，已经成为一门独立且完整的学科。本章在构建内生增长模型的基础上，将其纳入系统动力学模型，构建经济可持续系统动力学模型，试图明确经济增长与生态补偿的关系。

本章将内生增长模型划分为四个子系统，包括人力资本子系统、知识存量子系统、物质资本子系统和环境子系统，各子系统之间存在复杂的因果关系。经济可持续系统动力学模型主要反映各子系统之间的关系，如图 8.1 所示。

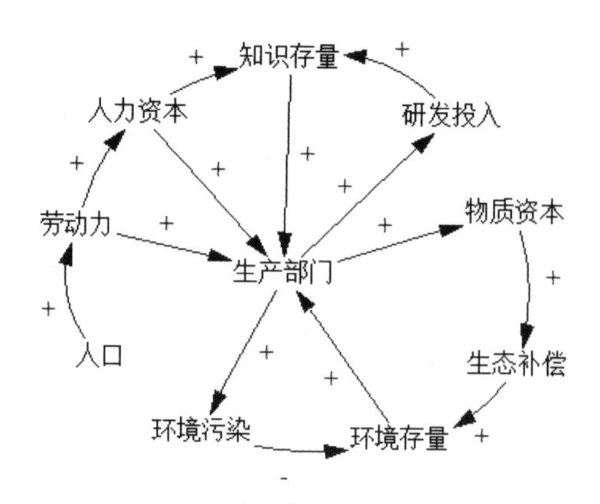

图8.1　经济可持续系统动力学模型

8.1.1　人力资本子系统

人力资本主要来源于劳动力，劳动力的多少取决于人口数量。人力资本子系统主要系统动力学模型如图 8.2 所示。

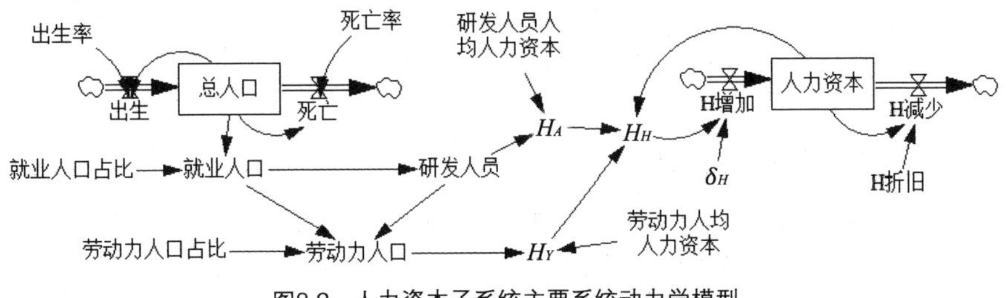

图8.2　人力资本子系统主要系统动力学模型

8.1.2　知识存量子系统

知识存量子系统主要系统动力学模型如图 8.3 所示。生产部门的一部分产出被用于研发投资，从而增加知识存量，同时知识存量会作用于生产部门的产出。旧的知识也会随时间被新的知识取代，所以知识也会存在一个折旧。

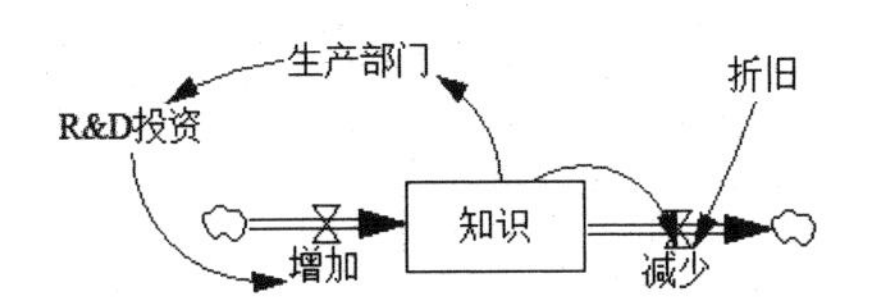

图8.3　知识存量子系统主要系统动力学模型

8.1.3　物质资本子系统

物质资本子系统主要系统动力学模型如图 8.4 所示。物质资本的增加来源于固定资产的增加[128]，同时物质资本也作为一种生产要素影响生产部门的产出。物质资本也会存在贬值的情况，即折旧，在构建的内生增长模型中，我们考虑生态补偿来源于物质资本，所以物质资本的减少量为折旧与生态补偿之和。

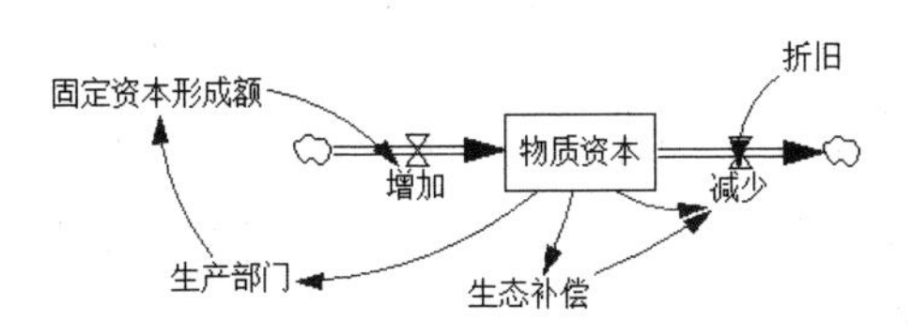

图8.4　物质资本子系统主要系统动力学模型

8.1.4 环境子系统

环境子系统主要系统动力学模型如图 8.5 所示。环境部门“出售”一定的环境存量（即环境污染）给生产部门，用于生产部门的生产活动；生产部门的产出引起物质资本的增加，物质资本被用于进行生态补偿投资，通过生态补偿和环境自身的净化能力带来环境存量的增加。

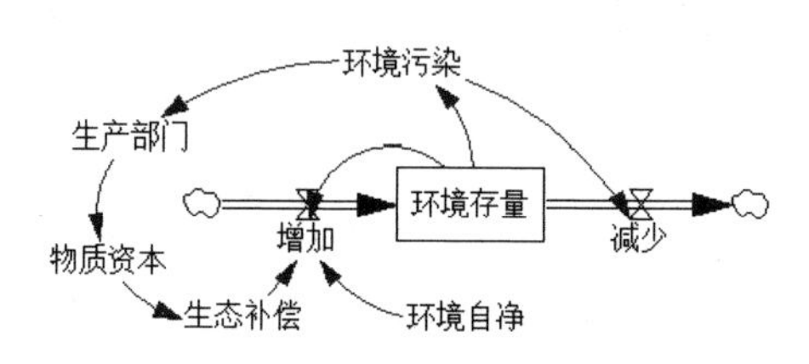

图8.5 环境子系统主要系统动力学模型

8.1.5 生态补偿与经济增长运作过程模型

本章在此将各个子系统综合起来，组成一个完整的系统。生态补偿与经济增长运作过程模型，如图 8.6 所示。

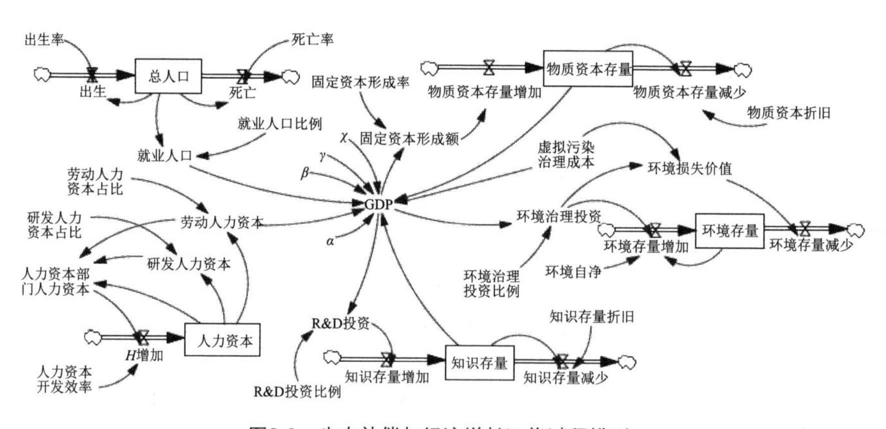

图8.6 生态补偿与经济增长运作过程模型

8.2 长江经济带生态补偿与经济增长运作过程模型实证参数计算

本章在构建长江经济带系统动力学模型的基础上，结合相关研究，进行实证参数的计算。主要涉及人力资本、知识存量、物质资本存量和环境存量等的计算。

1. 人力资本

西奥多·W.舒尔茨（Thodore W. Schultz）在1960年提出了人力资本理论。后来的学者对该理论框架进行了补充，认为人力资本是通过投资形成的，包括所有能提高劳动者素质的投资，如卫生、培训、教育和迁移等。

本章参考相关研究[129]，选取人力资本投资的五个方面，即卫生、教育、科研、培训和迁移。核心思路是对不同人力资本投资采用永续盘存法进行计算。

$$H_t = (1-t)H_{t-1} + I_t \tag{8.1}$$

式中，H_t表示第t年的人力资本存量；H_{t-1}表示第$t-1$年的人力资本存量；I_t表示第t年的人力资本投资。

初始存量计算：

$$H_{i0} = \frac{I_{i0}}{g_i + \delta_i} \tag{8.2}$$

式中，H_{i0}表示第i种人力资本的初始存量；I_{i0}表示第i种人力资本初始不变价投资；g_i表示第i种人力资本投资的年增长率；δ_i表示第i种人力资本投资的折旧率。

为了简便起见，所有折算为1997年价的指数均采用GDP平减指数。

卫生人力资本。卫生人力资本投资采用中国卫生健康统计年鉴中的卫生总费用，折旧率取3.33%。

教育人力资本。教育人力资本投资采用中国教育统计年鉴中的教育总经费，折旧率取2.27%。

科研人力资本。科研人力资本投资采用中国科技统计年鉴中的研究与发展（即R&D）支出，折旧率取6.67%。

培训人力资本。培训人力资本投资为城镇就业人员工资总额的1.5%，折旧率取3.33%。

迁移人力资本。迁移人力资本采用迁移人数（农村人口流动数）与农村居民人均纯收入之积。迁移人数采用乡镇企业就业人数的一半计算得到。迁移是不具备积累性的，且在当年就折旧完毕。

本书构建的内生增长模型将人力资本划分到生产部门、研发部门和人力资本部门。本章利用受教育年限，计算劳动力人力资本、研发人力资本和人力资本部门的人力资本三者的占比，再将人力资本存量按照三部门占比进行折算。

$$H_i = e^{\phi E_i} L_i \tag{8.3}$$

式中，H_i表示第i种劳动力人力资本；ϕ表示教育回报率；E_i表示受教育年限；L_i表示劳动力人数。

参考相关研究[130、131]，受教育年限与教育回报率，见表8.1。

表8.1 受教育年限与教育回报率

单位：%

项目		文盲、半文盲	小学	初中	高中	大专及以上
受教育年限		1.5年	6年	3年	3年	3.5年
教育回报率	直辖市	4.1	4.1	4.1	7.3	14.1
	省	2.1	2.1	2.1	8.6	11.6

生产部门人数由就业人员数与研发部门人数之差求得，研发部门人数采用研发人员全时当量数据代替。

总的人力资本利用受教育年限求得，再分别求得劳动力人力资本和研发人力资本，人力资本部门的人力资本由总的人力资本与劳动力人力资本、研发人力资本之差求得，最终得到三个部门人力资本的比例。

2. 知识存量

对知识存量，本章参考相关文献[132]，采用永续盘存法进行估算。

知识存量投资采用研究与发展经费内部支出，折旧率为15%。

3. 物质资本存量

对物质资本存量，本章参考相关文献[128]，采用永续盘存法进行估算。

物质资本投资采用固定资本形成总额，折算系数为固定资产投资价格指数，折旧率取9.6%，初始物质资本存量取当年固定资本形成总额的10倍。

4. 环境存量

环境存量借鉴生态足迹模型中的生态承载力模型，本章使用该模型计算环境初始存量。

$$EC = \sum A_i \times r_i \times y_i \quad (8.4)$$

式中，EC表示生态承载力；A_i表示第i种土地的面积；r_i表示均衡因子；y_i表示产量因子。

对环境污染，本章参考相关研究[133]，采用环境损失价值进行替代。为了简便，对环境损失价值采用治理成本数据：环境损失价值=实际污染治理成本+虚拟污染治理成本。

实际污染治理成本可由各地区环境污染治理投资金额得到，虚拟污染治理成本可运用维护成本定价法计算。

$$V_p = \sum M_i \times X_i \tag{8.5}$$

式中，V_p表示虚拟污染治理成本；M_i表示第i种污染物的排放量（包括废水、废气和固体废物等）；X_i表示第i种污染物的单位治理成本。

污染物的单位治理成本，见表 8.2。固体废物数据由产生量与综合利用之差求得，生活垃圾数据由清运量和无害化处理量之差计算得到。

表 8.2 污染物与单位治理成本

污染物类别	污染物	单位治理成本/(元/t)	成本基准年份/年
大气污染	二氧化硫	1264	2006
	氮氧化物	1264	2006
	烟尘	550	2006
	工业粉尘	300	2006
水污染	化学需氧量	1400	2006
	氨氮	1750	2006
固体废物	一般工业固体废弃物	20	2004
	生活垃圾	12	2004

8.3 长江经济带生态补偿与经济增长运作过程模型检验

为了检验系统动力学模型的准确性和稳定性，需要对构建的系统动力学模型进行检验，本章主要进行历史性检验和灵敏性检验。

8.3.1 历史检验

历史检验即将模型仿真结果与实际数据进行对比分析，以此来确定模型仿真的准确性。其中GDP的真实值为1997年价，各年份GDP的预测值即系统动力学模型预测结果。在系统动力学模型中，历史检验的误差在10%以内即可。[134] 除个别省市在研究时段初期的个别年份，历史误差绝对值超10%，其余各省市都在合理范围之内，这说明该模型是有效的。GDP历史检验结果见表 8.3。

表 8.3 GDP历史检验

年份	上海			江苏			浙江		
	真实值/亿元	预测值/亿元	误差/%	真实值/亿元	预测值/亿元	误差/%	真实值/亿元	预测值/亿元	误差/%
1997	3360.21	3888	15.71	6680.34	7683	15.01	4638.24	5333	14.98
1998	3706.31	3995	7.79	7416.34	8084	9	5111.34	5664	10.81
1999	4091.77	4310	5.33	8164.87	8785	7.60	5622.47	6053	7.66
2000	4541.86	4648	2.34	9028.08	9435	4.51	6240.95	6409	2.69
2001	5018.76	5159	2.79	9944.56	10 360	4.18	6902.49	7177	3.98

续表

年份	上海			江苏			浙江		
	真实值/亿元	预测值/亿元	误差/%	真实值/亿元	预测值/亿元	误差/%	真实值/亿元	预测值/亿元	误差/%
2002	5585.88	5833	4.42	11 104.53	11 340	2.12	7772.20	7896	1.59
2003	6272.94	6542	4.29	12 614.74	12 510	−0.83	8914.71	8744	−1.91
2004	7163.70	7294	1.82	14 481.72	13 960	−3.60	10 207.35	9781	−4.18
2005	7958.87	8136	2.23	16 581.57	15 520	−6.40	11 513.89	11 050	−4.03
2006	8913.93	9700	8.82	19 052.23	18 420	−3.32	13 114.32	12 480	−4.84
2007	10 188.63	10 210	0.21	21 891.01	20 320	−7.18	15 042.12	14 220	−5.47
2008	11 176.92	11 220	0.39	24 583.60	22 760	−7.42	16 561.38	15 780	−4.72
2009	12 093.43	12 280	1.54	27 631.97	25 580	−7.43	18 035.34	17 370	−3.69
2010	13 339.05	13 450	0.83	31 141.23	29 050	−6.72	20 181.55	19 250	−4.62
2011	14 432.86	14 260	−1.20	34 566.77	32 010	−7.40	21 997.88	20 980	−4.63
2012	15 515.32	15 390	−0.81	38 058.01	35 550	−6.59	23 757.72	22 890	−3.65
2013	16 710	16 610	−0.60	41 711.58	39 460	−5.40	25 705.85	24 910	−3.10
2014	17 879.70	17 820	−0.33	45 340.49	43 310	−4.48	27 659.49	26 830	−3
2015	19 120.55	19 080	−0.21	49 209.48	47 130	−4.23	29 860.86	28 900	−3.22
2016	20 439.87	20 040	−1.96	53 047.82	51 330	−3.24	32 115.65	30 960	−3.60
2017	21 850.22	21 270	−2.66	56 842.54	55 290	−2.73	34 609.14	33 360	−3.61

年份	安徽			江西			湖北		
	真实值/亿元	预测值/亿元	误差/%	真实值/亿元	预测值/亿元	误差/%	真实值/亿元	预测值/亿元	误差/%
1997	2669.95	2832	6.07	1715.18	1957	14.10	3450.24	3600	4.34
1998	2891.56	3044	5.27	1836.96	2047	11.43	3747.94	3842	2.51
1999	3154.69	3268	3.59	1980.24	2129	7.51	4038.64	4150	2.76
2000	3416.53	3464	1.39	2138.66	2244	4.93	4385.40	4517	3
2001	3720.60	3889	4.53	2326.86	2360	1.42	4774.10	4883	2.28
2002	4077.77	4297	5.38	2571.18	2541	−1.17	5214.17	5401	3.58
2003	4461.09	4746	6.39	2905.44	2787	−4.08	5720.64	6041	5.60
2004	5054.41	5233	3.53	3288.95	3142	−4.47	6361.64	6683	5.05
2005	5640.72	5722	1.44	3709.94	3561	−4.01	7128.30	7248	1.68
2006	6362.73	6423	0.95	4166.26	4002	−3.94	8072.08	8805	9.08
2007	7247.15	7109	−1.91	4707.88	4519	−4.01	9242.54	9093	−1.62
2008	8167.54	7845	−3.95	5301.07	5076	−4.25	10481.04	10030	−4.30
2009	9221.16	8734	−5.28	5995.51	5716	−4.66	11895.98	11160	−6.19
2010	10567.44	9744	−7.79	6834.88	6504	−4.84	13656.58	12660	−7.30
2011	11994.05	10930	−8.87	7689.24	7390	−3.89	15541.19	14320	−7.86
2012	13445.33	12280	−8.67	8535.06	8214	−3.76	17297.34	16010	−7.44
2013	14843.64	13730	−7.50	9397.10	9109	−3.07	19044.37	17820	−6.43
2014	16209.26	15640	−3.51	10308.62	10040	−2.61	20891.68	19720	−5.61
2015	17621.36	17420	−1.14	11246.70	11040	−1.84	22740.59	21890	−3.74
2016	19153.15	18740	−2.16	12258.90	11980	−2.28	24582.58	23220	−5.54
2017	20774.33	20540	−1.13	13337.69	13120	−1.63	26500.02	25230	−4.79

年份	湖南			重庆			四川		
	真实值/亿元	预测值/亿元	误差/%	真实值/亿元	预测值/亿元	误差/%	真实值/亿元	预测值/亿元	误差/%
1997	2993	3118	4.18	1350.10	1316	−2.53	3320.11	3596	8.31
1998	3247.41	3326	2.42	1463.51	1393	−4.82	3641.19	3929	7.90
1999	3520.19	3601	2.30	1574.74	1567	−0.49	3882.58	4035	3.93
2000	3837	3924	2.27	1708.59	1670	−2.26	4211.23	4469	6.12
2001	4182.33	4358	4.20	1862.36	1857	−0.29	4589.22	4808	4.77

续表

年份	湖南			重庆			四川		
	真实值/亿元	预测值/亿元	误差/%	真实值/亿元	预测值/亿元	误差/%	真实值/亿元	预测值/亿元	误差/%
2002	4558.74	4892	7.31	2054.18	2039	−0.74	5059.66	5443	7.58
2003	4996.38	5408	8.24	2290.41	2259	−1.37	5633.78	6145	9.07
2004	5600.95	5963	6.46	2569.85	2567	−0.11	6351.18	6853	7.90
2005	6250.66	6417	2.66	2865.38	2951	2.99	7152.10	7536	5.37
2006	7013.24	7135	1.74	3214.95	3395	5.6	8106.32	8230	1.53
2007	8030.16	7846	−2.29	3716.49	3888	4.61	9255.38	9110	−1.57
2008	9058.02	8588	−5.19	4247.94	4450	4.76	10136.31	9971	−1.63
2009	10298.96	9610	−6.69	4880.89	5025	2.95	11606.08	11140	−4.02
2010	11802.61	10940	−7.31	5715.52	5748	0.57	13358.60	12730	−4.71
2011	13313.35	12090	−9.19	6652.86	6582	−1.07	15362.39	14740	−4.05
2012	14817.75	13530	−8.69	7557.65	7484	−0.97	17298.05	16340	−5.54
2013	16314.35	15250	−6.52	8487.25	8493	0.07	19027.85	18300	−3.83
2014	17864.21	17020	−4.73	9412.35	9488	0.80	20645.22	20390	−1.24
2015	19382.67	19230	−0.79	10447.71	10570	1.17	22276.19	22120	−0.70
2016	20933.28	20520	−1.97	11565.62	11470	−0.83	24013.74	23390	−2.60
2017	22607.94	22090	−2.29	12641.22	12670	0.23	25958.85	25510	−1.73

年份	贵州			云南		
	真实值/亿元	预测值/亿元	误差/%	真实值/亿元	预测值/亿元	误差/%
1997	792.98	762.5	−3.84	1644.23	1759	6.98
1998	860.38	853.3	−0.82	1777.91	1930	8.55
1999	936.10	887.4	−5.20	1907.52	2031	6.47
2000	1014.73	955.3	−5.86	2050.96	2173	5.95
2001	1104.03	1037	−6.07	2190.84	2312	5.53
2002	1204.49	1183	−1.78	2387.79	2501	4.74
2003	1326.15	1373	3.53	2598.40	2727	4.95
2004	1477.33	1554	5.19	2892.86	2971	2.70
2005	1648.70	1784	8.21	3153.22	3221	2.15
2006	1839.94	1986	7.94	3528.45	3704	4.98
2007	2092.02	2221	6.17	3969.51	4118	3.74
2008	2305.40	2413	4.67	4406.16	4517	2.52
2009	2568.22	2661	3.61	4939.30	4912	−0.55
2010	2896.95	2998	3.49	5546.84	5403	−2.59
2011	3331.49	3328	−0.10	6306.75	6359	0.83
2012	3784.58	3687	−2.58	7126.63	7086	−0.57
2013	4257.65	4116	−3.33	7988.95	7810	−2.24
2014	4717.47	4569	−3.15	8636.06	8526	−1.27
2015	5222.24	5067	−2.97	9387.40	9409	0.23
2016	5772.36	5621	−2.62	10204.10	10250	0.45
2017	6361.14	6297	−1.01	11173.49	11130	−0.39

8.3.2 灵敏性检验

本章选取知识折旧、人力资本开发效率和物质资本折旧进行灵敏性检验，只要当参数分别变化−3%、−2%、−1%、1%、2%和3%时，GDP的变化范围均在10%以内即可。在本章的灵敏性检验中，各省市均在正常的范围之内。长江经济带系统动力学模型灵敏性检验，如图 8.7 所示。

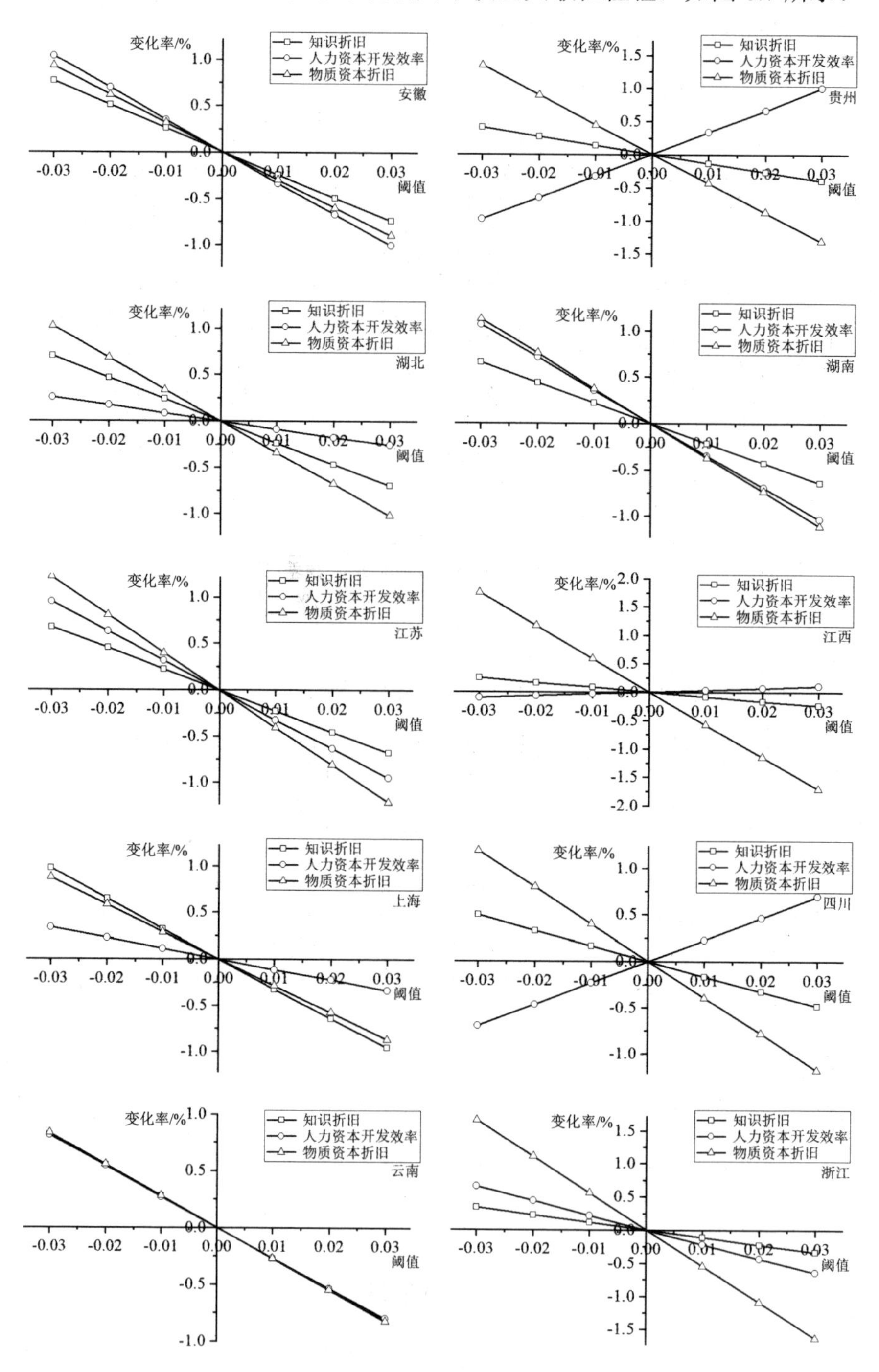

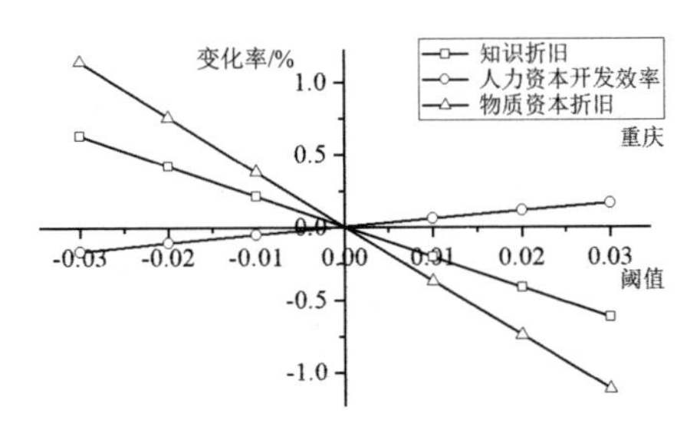

图8.7 长江经济带系统动力学模型灵敏性检验

8.4 长江经济带生态补偿与经济增长运作过程情景设定

为了明确生态补偿对经济增长和环境的影响，研究生态补偿对环境存量的作用，本章将自然发展状况和加入生态补偿后的发展状况做对照，设定发展情景为如下四种。

情景一：自然发展情景。以目前经济增长趋势，不进行生态补偿，预测至 2050 年经济和环境存量状况。

情景二：生态补偿情景。在经济和环境自然发展的情况下，投入生态补偿进行环境保护，预测至 2050 年经济、物质资本存量和环境存量状况。

情景三：高环保要求情景。在经济和环境自然发展的情况下，将投入的生态补偿提高 10%，预测至 2050 年经济、物质资本存量和环境存量状况。

情景四：低环保要求情景。在经济和环境自然发展的情况下，将投入的生态补偿降低 10%，预测至 2050 年经济、物质资本存量和环境存量状况。

其中，情景二、情景三和情景四都为环保情景。

8.5 长江经济带生态补偿与经济增长运作机理分析

本章以经济指标和环境指标中的核心变量产出（Y，使用GDP数据）、物质资本存量（K）和环境存量（E）作为研究对象，用Vensim软件进行仿真，将时间设置为 1997—2050 年，步长为 1 年，模拟在不同情景下 3 种变量的变化情况，其中生态补偿回报率设定为 1，即投入 1 单位的生态补偿，环境存量会有 1 单位的增加。

以自然发展情景作为基础参照，与投入生态补偿以后环保情景（低环保要求情景、生态补偿情景和高环保要求情景）下的产出、物质资本存量和环境存量做对照，具体指标为差额部分在自然发展情景中的占比。最小值 0 为系统动力学模型设定的初始值，负号表示减少。

环保情景下产出（Y）的年际变化，见表 8.4。在投入生态补偿后，GDP 都存在一定的减少，各省市在不同环保情景下的年际减少平均值均在 4% 以内。对环境越重视，投入的生态补偿越高，那么相应对 GDP 的影响也越大，具体体现为 GDP 的年际减少越多。生态补偿来源于 GDP 的投资，生态补偿值越高，则 GDP 的减少幅度也就越大。通过进行系统动力学模拟，除江西和四川的年际减少平均值超过 2%，其余各省市变化均在 1% 左右，表明生态补偿投入后，对经济影响较小。

表 8.4　环保情景下产出（Y）的年际变化

省市	低环保要求情景/%			生态补偿情景/%			高环保要求情景/%		
	最小值	最大值	平均值	最小值	最大值	平均值	最小值	最大值	平均值
上海	0	−0.098	−0.041	0	−0.098	−0.045	0	−0.105	−0.049
江苏	0	−1.040	−0.852	0	−1.139	−0.942	0	−1.248	−1.037
浙江	0	−1.491	−1.267	0	−1.674	−1.403	0	−1.842	−1.542
安徽	0	−0.854	−0.630	0	−0.959	−0.698	0	−1.059	−0.772
江西	0	−2.087	−1.807	0	−2.290	−2.007	0	−2.515	−2.207
湖北	0	−1.188	−0.895	0	−1.344	−0.994	0	−1.466	−1.093
湖南	0	−1.873	−1.479	0	−2.102	−1.648	0	−2.316	−1.810
重庆	0	−0.646	−0.538	0	−0.728	−0.599	0	−0.785	−0.659
四川	0	−3.732	−3.106	0	−4.155	−3.450	0	−4.547	−3.788
贵州	0	−0.982	−0.758	0	−1.082	−0.841	0	−1.202	−0.925
云南	0	−2.239	−1.501	0	−2.484	−1.668	0	−2.728	−1.832

环保情景下物质资本存量（K）的年际变化，见表 8.5。物质资本存量来源于产出中的固定资本形成，每年产出变化时，会相应影响物质资本的增加量。所以，在环保情景下，产出会略有减少，随之带来各省市物质资本存量的减少。长江经济带物质资本存量年均减少值均在 6% 以下，除四川和云南，其余各省市物质资本存量年均减少值均在 3% 以下，变化幅度略小。

表 8.5　环保情景下物质资本存量（K）的年际变化

省市	低环保要求情景/%			生态补偿情景/%			高环保要求情景/%		
	最小值	最大值	平均值	最小值	最大值	平均值	最小值	最大值	平均值
上海	0	−0.120	−0.063	0	−0.129	−0.073	0	−0.140	−0.081
江苏	0	−1.468	−1.173	0	−1.582	−1.305	0	−1.743	−1.434
浙江	0	−1.830	−1.562	0	−2.025	−1.733	0	−2.228	−1.906
安徽	0	−1.461	−1.026	0	−1.631	−1.138	0	−1.778	−1.252
江西	0	−2.469	−2.174	0	−2.754	−2.413	0	−2.989	−2.652
湖北	0	−1.941	−1.385	0	−2.147	−1.537	0	−2.353	−1.693

续表

省市	低环保要求情景/%			生态补偿情景/%			高环保要求情景/%		
	最小值	最大值	平均值	最小值	最大值	平均值	最小值	最大值	平均值
湖南	0	−2.828	−2.127	0	−3.129	−2.361	0	−3.430	−2.597
重庆	0	−0.933	−0.772	0	−1.026	−0.859	0	−1.156	−0.946
四川	0	−5.392	−4.470	0	−5.985	−4.956	0	−6.551	−5.441
贵州	0	−1.340	−1.041	0	−1.494	−1.153	0	−1.636	−1.268
云南	0	−4.089	−2.554	0	−4.502	−2.838	0	−4.897	−3.119

环保情景下环境存量（E）的年际变化，见表 8.6。各省市在进行生态补偿后，环境存量均存在一定的增长，在不同环保情景下，生态补偿投入越高，则环境存量的增加也就越多。若基础环境存量较高，则生态补偿引起的增加量也会有限。部分省市的环境存量年际增加平均值超过了 10%，年际变化最大值均大于 10%。

表 8.6 环保情景下环境存量（E）的年际变化

省市	低环保要求情景/%			生态补偿情景/%			高环保要求情景/%		
	最小值	最大值	平均值	最小值	最大值	平均值	最小值	最大值	平均值
上海	0	12.827	7.693	0	14.252	8.547	0	15.678	9.400
江苏	0	30.997	15.776	0	34.416	17.511	0	37.815	19.245
浙江	0	50.844	23.509	0	56.419	26.095	0	61.995	28.670
安徽	0	13.236	6.705	0	14.693	7.447	0	16.150	8.187
江西	0	22.245	8.223	0	24.682	9.119	0	27.094	10.014
湖北	0	35.186	15.286	0	39.044	16.973	0	42.902	18.651
湖南	0	30.807	14.322	0	34.181	15.891	0	37.532	17.449
重庆	0	14.242	5.196	0	15.828	5.771	0	17.383	6.345
四川	0	20.566	7.735	0	22.788	8.569	0	24.970	9.392
贵州	0	10.201	2.980	0	11.328	3.311	0	12.437	3.639
云南	0	7.3740	3.553	0	8.1820	3.943	0	8.990	4.328

在投入生态补偿后，长江经济带各省市的产出与物质资本存量变化范围基本上在 5% 以内，表明生态补偿投入并未对经济产生较大的影响，而对环境存量的影响却较明显。

生态补偿的投入会对生态环境产生效益，即为本章模型中的环境存量带来增长，通过环保情景下的环境存量与自然发展情景下的环境存量对比，可以明确生态补偿对环境存量的影响程度。投入生态补偿越多，则环境存量的增加量也越大。长江经济带各省市环境存量变化如图 8.8 所示。

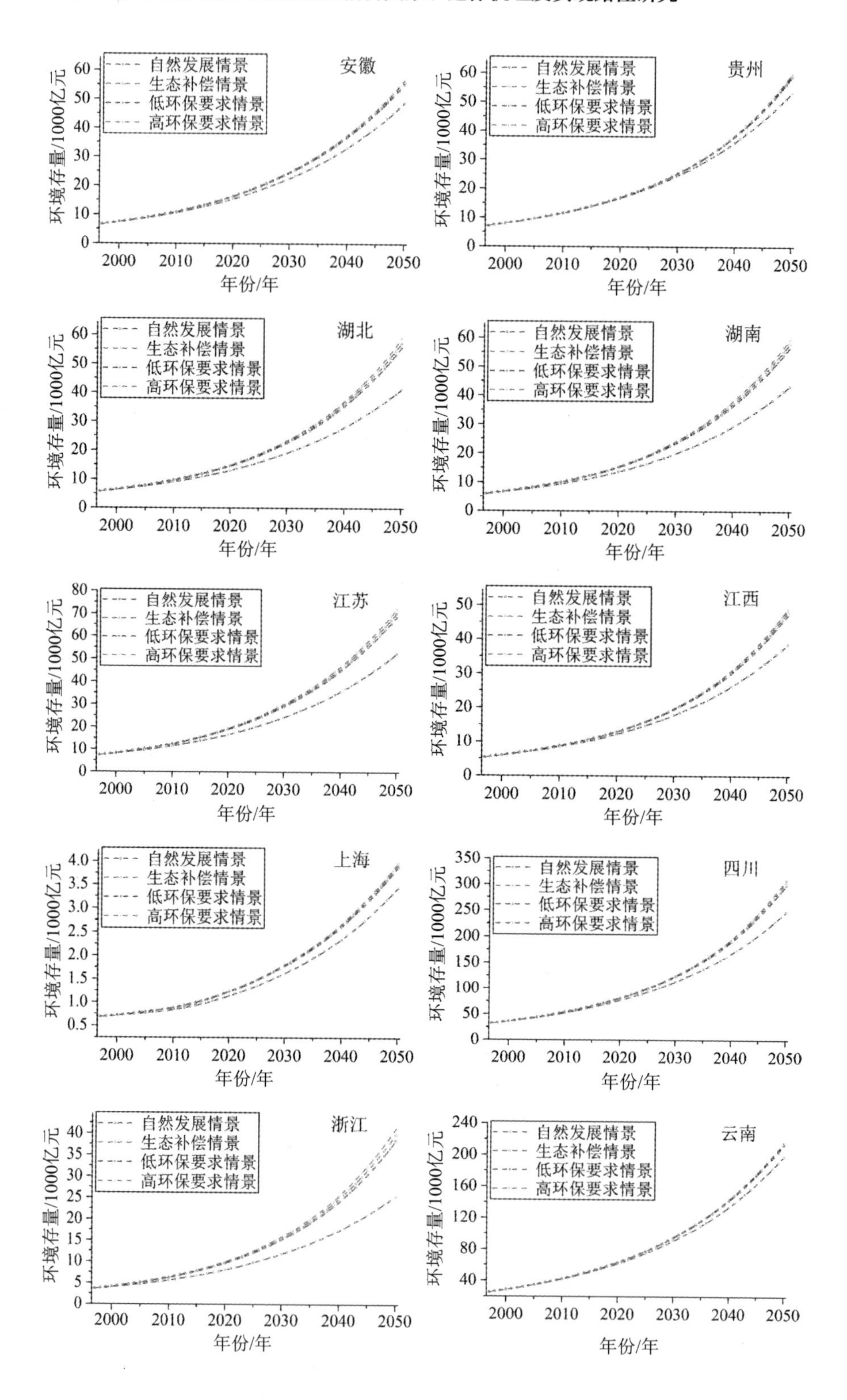
安徽
贵州
湖北
湖南
江苏
江西
上海
四川
浙江
云南
自然发展情景
生态补偿情景
低环保要求情景
高环保要求情景
环境存量/1000亿元
年份/年

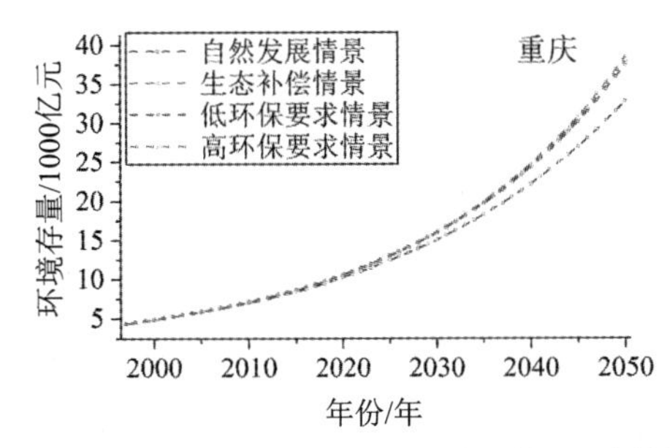

图8.8 长江经济带各省市环境存量变化

根据系统动力学预测，长江经济带各省市环境存量在自然发展情景下有所增长。在投入生态补偿后，环境存量的增加更加明显。

在自然发展情景下，从1997年到2050年，安徽的环境存量增长了42 056亿元，年增长率约为3.82%。在投入生态补偿后，环境存量的年增长率约为4.09%；在低环保要求情景和高环保要求情景下分别为4.01%和4.12%。2050年环境存量较自然发展情景，在低环保要求情景下将增加13.24%，在生态补偿情景下将增加14.69%，在高环保要求情景下将增加16.15%。

贵州在投入生态补偿后，在低环保要求情景、生态补偿情景和高环保要求情景下，环境存量的年增长率分别为4.05%、4.07%和4.09%。在2050年较自然发展情景，在环保要求情景、生态补偿情景和高环保要求情景下的环境存量将分别增加10.20%、11.33%和12.44%。

湖北在自然发展情景、低环保要求情景、生态补偿情景和高环保要求情景下的环境存量的年增长率分别为3.77%、4.37%、4.42%和4.48%。在2050年较自然发展情景，在低环保要求情景、生态补偿情景和高环保要求情景下的环境存量将分别增加35.19%、39.04%和42.90%。

湖南加入生态补偿后，在低环保要求情景、生态补偿情景和高环保要求情景下，环境存量的年增长率分别为4.32%、4.37%和4.41%。在2050年较自然发展情景，在低环保要求情景、生态补偿情景和高环保要求情景下的环境存量将分别增加30.81%、34.18%和37.53%。

江苏在自然发展情景、低环保要求情景、生态补偿情景和高环保要求情景下的环境存量的年增长率分别为3.78%、4.31%、4.36%和4.41%。在2050年较自然发展情景，在低环保要求情景、生态补偿情景和高环保要求情景下的环境存量将分别增加31.00%、34.42%和37.82%。

江西在投入生态补偿后，在低环保要求情景、生态补偿情景和高环保要求情景下，环境存量的年增长率分别为4.19%、4.23%和4.27%。在

2050 年较自然发展情景，在低环保要求情景、生态补偿情景和高环保要求情景下的环境存量将分别增加 22.25%、24.68% 和 27.09%。

上海在自然发展情景、低环保要求情景、生态补偿情景和高环保要求情景下，环境存量的年增长率分别为 3.09%、3.32%、3.35 % 和 3.37%。在 2050 年较自然发展情景，在低环保要求情景、生态补偿情景和高环保要求情景下的环境存量将分别增加 12.83%、14.25% 和 15.68%。

四川在投入生态补偿后，在低环保要求情景、生态补偿情景和高环保要求情景下，环境存量的年增长率分别为 4.31%、4.35% 和 4.38%。在 2050 年较自然发展情景，在低环保要求情景、生态补偿情景和高环保要求情景下的环境存量将分别增加 20.57%、22.79% 和 24.97%。

云南在自然发展情景、低环保要求情景、生态补偿情景和高环保要求情景下的环境存量的年增长率分别为 3.96%、4.10%、4.12% 和 4.13%。在 2050 年较自然发展情景，在低环保要求情景、生态补偿情景和高环保要求情景下的环境存量将分别增加 7.37%、8.18% 和 8.99%。

浙江在投入生态补偿后，在低环保要求情景、生态补偿情景和高环保要求情景下，环境存量的年增长率分别为 4.56%、4.63% 和 4.70%。在 2050 年较自然发展情景，在低环保要求情景、生态补偿情景和高环保要求情景下的环境存量将分别增加 50.84%、56.42% 和 62.00%。

重庆在自然发展情景、低环保要求情景、生态补偿情景和高环保要求情景下的环境存量的年增长率分别为 3.87%、4.13%、4.16% 和 4.18%。在 2050 年较自然发展情景，在低环保要求情景、生态补偿情景和高环保要求情景下的环境存量将分别增加 14.24%、15.83% 和 17.38%。

通过对长江经济带各省市在投入生态补偿的情景和自然发展情景下的对比，可以看出，生态补偿对于环境存量的影响比较明显。除了云南，其余各省市的环境存量均超过自然发展情景下环境存量的 10%，说明适当进行生态补偿有利于生态环境健康发展。

在模拟结果中，2050 年长江经济带各省市在不同情景下 GDP、物质资本存量和环境存量变化分别如图 8.9、图 8.10 和图 8.11 所示。根据预测结果，在自然发展情景下，2050 年 GDP 最高的是四川，超过 10.4 万亿元的省市有 6 个，超过 4.55 万亿元的省市有 3 个，最低为云南。在三种环保情景下，GDP 的变化趋势是一致的，在投入生态补偿后，GDP 都略有减少，减少值均在 4% 以内。GDP 在空间分布上高低错落，呈现出“W”的格局。物质资本存量最大的是四川，超过 78.4 万亿元的省市有 3 个，超过 45.01 万亿元的省市有 4 个，超过 24.4 万亿元的省市有 3 个，空间分布并未有明显规律，各省市在不同环保情景下的年均变化均在 5% 以内。环境存量最大的是四川和云南，均超过了 5.33 万亿元，超过 3.87 万亿元的省市有 5 个，超过 0.35 万亿元的省市有 3 个，最低为上海。各省市在投入生态补偿的环保情景下，环境存量均存在增长趋势，各省市的年均增长均超过 7%，部分省市超过 50%，表明生态补偿对环境存量的作用明显。环境存量在空间分布上整体呈现出自西向东逐渐递减的格局，东北部地区高于东南部地区。

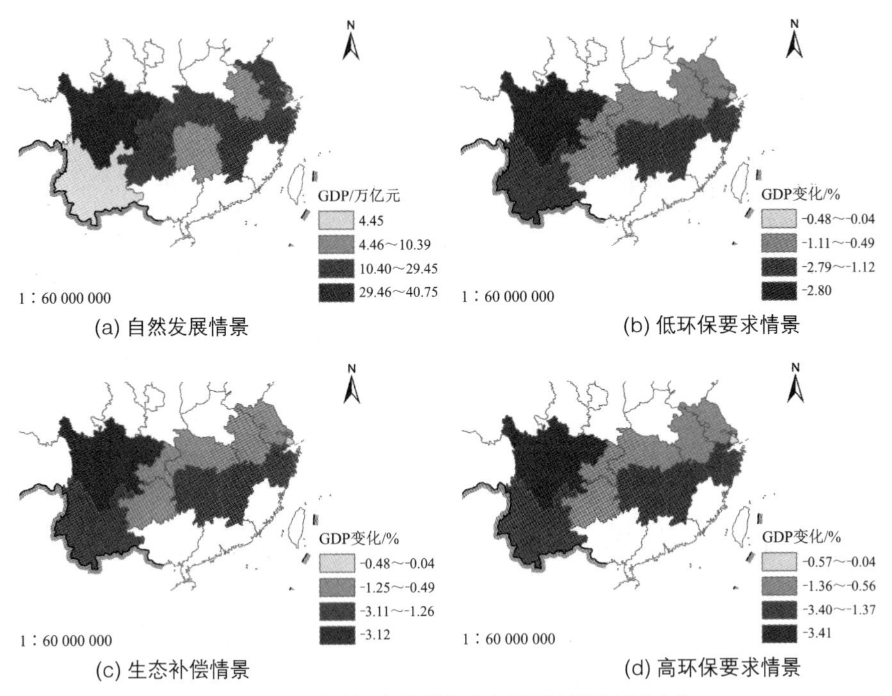

图8.9 2050年长江经济带各省市不同情景下GDP变化

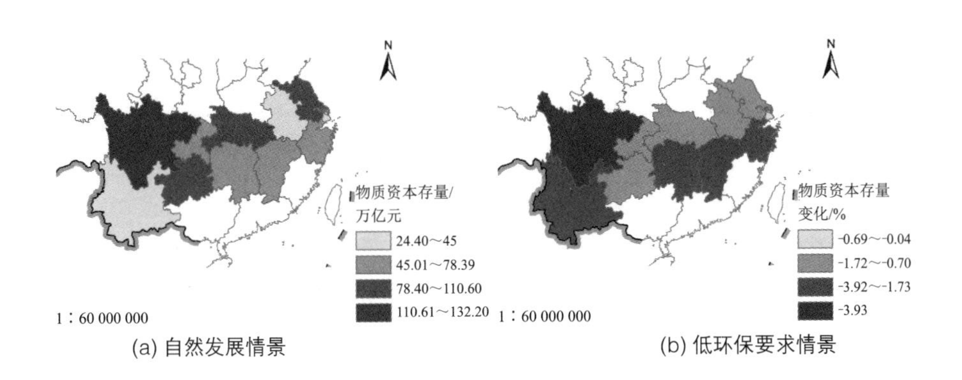

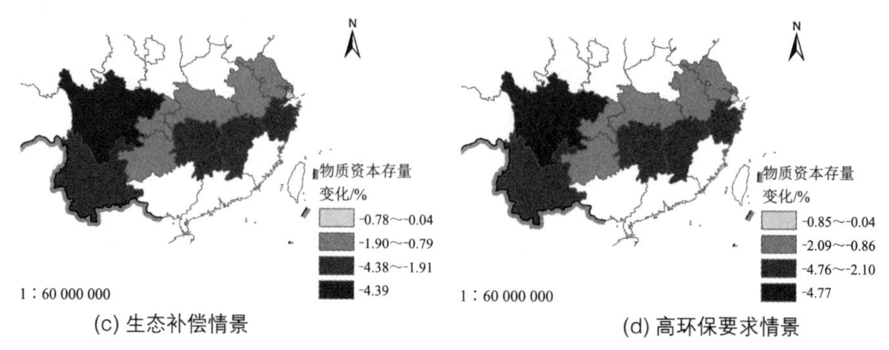

(c) 生态补偿情景　　(d) 高环保要求情景

图8.10　2050年长江经济带各省市不同情景下物质资本存量变化

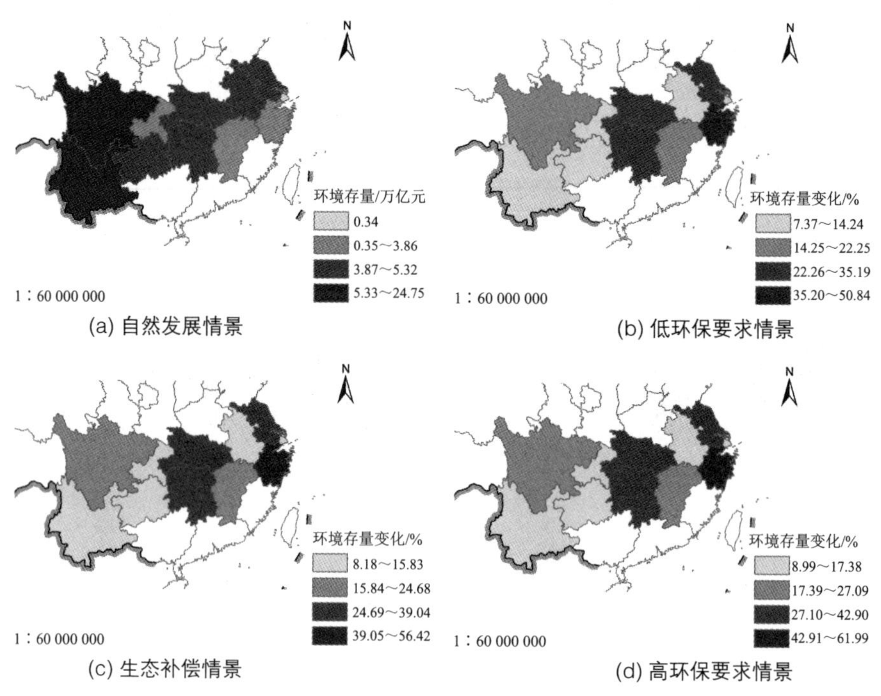

(a) 自然发展情景　　(b) 低环保要求情景

(c) 生态补偿情景　　(d) 高环保要求情景

图8.11　2050年长江经济带各省市不同情景下环境存量变化

8.6　本章小结

本章提出了一种用于实证生态补偿和经济增长的关系的新思路，即通过系统动力学将生态补偿与经济增长联系起来。本章针对长江经济带构建了生态补偿和经济增长的系统动力学模型，并设定了四种发展情景，即自然发展情景、低环保要求情景、生态补偿情景和高环保要求情景，明确不同情景下生态补偿对GDP、物质资本存量和环境存量的影响。

9

长江经济带生态补偿与经济增长实现路径

我国最早的生态补偿实践始于1983年云南对昆阳磷矿征收0.3元/t的生态补偿费，这些费用是开采区植被及其他被破坏的生态环境的恢复费用。[135] 从20世纪90年代中期开始，生态补偿的实践研究开始蓬勃发展，学者重点在森林与自然保护区、流域、矿产资源开发和区域生态补偿等方面进行了广泛的实践和探索，同时展开了大规模有关生态补偿机制问题的理论研究。[136] 目前，我国在生态补偿方面加强了国际交流与合作，充分总结和借鉴国际经验，以推动我国生态补偿的发展。[137] 党的十八大以来，促进生态环境的改善成为未来国民共同努力的目标。中央出台了一系列政策措施，其中《全国主体功能区规划》的实施带动了生态补偿在全国范围内的推广，国家层面先后实施了天然林保护、“三北”及长江中下游地区重点防护林建设、退耕还林还草、野生动植物保护及自然保护区建设、青海三江源生态保护、甘肃省国家生态安全屏障综合试验区建设、京津风沙源治理、全国五大湖区湖泊水环境治理、国家公园建设、湿地保护区建设等重大生态项目，各省市都广泛开展了流域生态补偿实践，极大地促进了生态环境的改善。2016年4月《国务院办公厅关于健全生态保护补偿机制的意见》明确“实施生态保护补偿是调动各方积极性、保护好生态环境的重要手段，是生态文明制度建设的重要内容”。

本章选取长江经济带11个省市中典型的生态补偿试验点作为研究样本，基于农户层面，采用意愿调查法和问卷调查法，对生态补偿农户基本信息、认知程度、生态补偿意愿和影响因素等四个方面进行参与式评估。首先，在2019年7月25日至8月8日，调研团队分成3组到研究区的11个行政区进行问卷发放。三组分别是一组（江西、安徽、浙江、上海和江苏）、二组（四川、湖北和云南）和三组（湖南、重庆和贵州）。其次，在问卷行动前对各省的生态补偿政策进行网页查询，对各省的生态补偿政策的实施地点、时间、文件进行查询，筛选典型样本区，有目的性地到点访问。

在这些试点区域发放调查问卷，得到农户实际接受的生态补偿和农户受偿意愿额度的数据，将其与理论量化的补偿标准做对比。采用生态系统服务增量和机会成本法，量化不同省市、不同类型的生态补偿标准和生态系统服务价值，构建最小数据模型，找出生态补偿标准与生态系统服务耦合关系。

9.1 研究方法

9.1.1 问卷调查法和意愿调查法

本章采用条件价值评估法（Contingent Valuation Method，CVM，该法从属于意愿调查法和问卷调查法）来研究农户的支付意愿，这是全世界盛行的一种方法。调查者用问卷调查的形式营造一种市场氛围，使得被调查者在特定情景下做出准确的判断与决定，调查者由此获得消费者支付意愿的数据。调查者调查了当长江经济带农户的生存空间遭到威胁时，为了改善环境所愿意支付的金额（以年为单位），即支付意愿（Willingness To Pay，WTP）。同时调查了农户在生态补偿政策上愿意接受的额度（以年为单位），即受偿意愿（Willingness To Accept，WTA）。

为了解长江经济带农户的生态补偿支付/受偿意愿，本章采用调查问卷与面对面访谈相结合的方式进行信息获取，选取研究区内参与生态补偿的典型乡镇进行调查，确保数据的普遍性、真实性。问卷内容包括四个部分：第一部分是受访者的基本信息调查，包括性别、年龄、居住地、职业等；第二部分是受访者的认知程度调查，包括长江经济带了解程度、生态补偿了解程度、接受的生态补偿是多是少；第三部分是生态补偿意愿调查，包括是否愿意支付生态补偿、支付金额、补偿方式等；第四部分是影响因素调查，包括参与程度、影响程度、改善贫困的作用、存在问题等。在结构设计上采取由易到难的顺序，以增加受访者的信任程度。

根据农户生态补偿支付/受偿意愿所对应的频率分布情况与生态补偿支付/受偿金额，本章借助离散变量的数学期望公式计算正的生态补偿支付/受偿意愿的算术平均值：

$$E(\mathrm{WTP})_{\text{正}}=\sum_{J=1}^{n} p_J V_j \tag{9.1}$$

$$E(\text{WTA})_{\text{正}}=\sum_{i=1}^{n}p_iV_I \quad (9.2)$$

式中，V为投标值，p为被调查农户选取该数值的概率。

我们采取Spike模型来计算受访者的支付意愿和受偿意愿，计算公式如下。

$$E(\text{WTP})=E(\text{WTP})_{\text{正}}(1-R_{0\text{WTP}}) \quad (9.3)$$

$$E(\text{WTA})=E(\text{WTP})_{\text{正}}(1-R_{0\text{WTP}}) \quad (9.4)$$

式中，$E(\text{WTP})_{\text{正}}$和$E(\text{WTA})_{\text{正}}$分别表示正支付意愿和正受偿意愿的算术平均值；$R_{0\text{WTP}}$和$R_{0\text{WTA}}$分别表示零支付意愿和零受偿意愿的概率。长江经济带农户对应的期望值通过分析比较得到：

$$n=E(\text{WTA})/E(\text{WTP}) \quad (9.5)$$

将以上提到的12个变量作为自变量，将二分类变量支付意愿作为因变量，运用SPSS统计软件中的二元Logistic回归分析影响农户支付意愿的因素。P表示农户具有生态补偿支付意愿的概率，则：

$$\text{Logit}(P)=\ln(\frac{P}{1-P})=\beta_0+\beta_1X_1+\cdots+\beta_{11}X_{11} \quad (9.6)$$

式中，β_0为截距；β_j是X_j（j=1, 2, …, 11）对应的回归系数；$\ln(\frac{P}{1-P})$是以自然对数（2.71828）为底的指数；X_1—X_{11}为自变量。若P大于或等于0.5，则判定农户具有生态补偿支付意愿；若P小于0.5，则判定农户不具有生态补偿支付意愿。

查阅资料、确定调研地点后发放调查问卷，问卷有效率达到98%。对问卷调查获得的数据进行描述性统计，包括基本信息、对生态补偿的认知、对补偿主体的认识等，将长江经济带居民的生态补偿支付意愿分为“愿意”和“不愿意”两种情况，并进行赋值。将性别、年龄、学历、家庭收入来源、年收入、长江经济带了解程度、生态补偿了解程度、是否接受过生态补偿、参与生态补偿程度、生态补偿影响程度、对改善贫困是否有帮助11个变量作为自变量，将二分类变量支付意愿作为因变量，运用SPSS统计软件中的二元Logistic回归分析影响居民支付意愿的因素，统计分析表明长江经济带居民的受偿意愿与支付意愿的比值差异具有合理性。

9.1.2　农户生态补偿基本信息分析

依据长江经济带问卷调查获取的数据，统计得到各省市农民所接受生态补偿的类型主要有五种，分别为退耕还林、森林生态补偿、生态公益林生态补偿、水源地生态补偿和种粮补贴，主要补偿类型及其概率分布如图 9.1 所示。其中，种粮补贴是长江经济带覆盖最广的生态补偿政策，占全部样本的 42.07%；其次是退耕还林和水源地生态补偿，二者均占全部样本的 17.65%；生态公益林生态补偿的占比达到 14.53%；其他补偿类型和森林生态补偿分别占 4.90% 和 3.20%。

统计得到长江经济带农户基本情况，包括性别、年龄、学历、家庭人口数、家庭收入主要来源、人均年收入和是否接受过生态补偿 7 类信息数据，如表 9.1 所示。

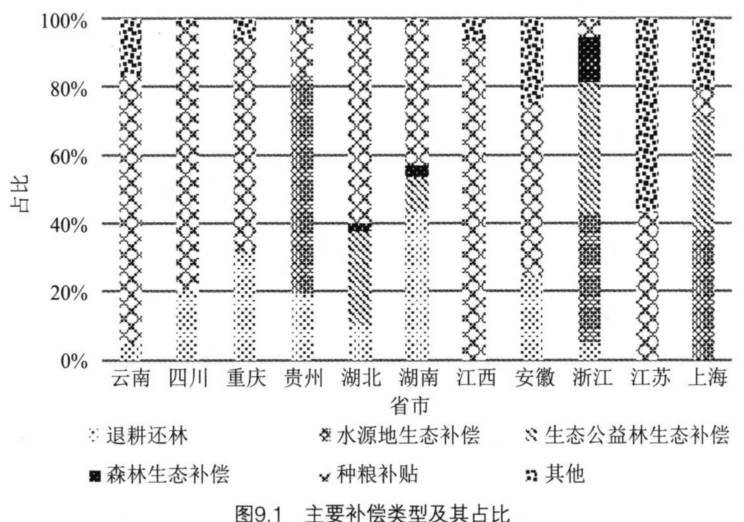

图9.1　主要补偿类型及其占比

表 9.1　长江经济带农户基本情况

项目		云南/人	四川/人	重庆/人	贵州/人	湖北/人	湖南/人	江西/人	安徽/人	浙江/人	江苏/人	上海/人	总计/人	占比/%
样本数		99	91	58	98	97	104	45	61	101	6	83	843	100
性别	男	55	41	36	48	55	56	22	36	54	6	54	463	54.9
	女	44	50	22	50	42	48	23	25	47	0	29	380	45.1
年龄	< 25 岁	8	12	0	3	3	2	2	3	1	0	0	34	4
	25 ～ 34 岁	15	18	3	10	4	9	4	10	4	0	1	78	9.3
	35 ～ 44 岁	26	6	1	21	7	4	6	6	13	4	8	102	12.1
	45 ～ 54 岁	39	22	11	27	20	23	12	17	22	1	19	213	25.3
	≥ 55 岁	11	33	43	37	63	66	21	25	61	1	55	416	49.3

续表

项目		云南/人	四川/人	重庆/人	贵州/人	湖北/人	湖南/人	江西/人	安徽/人	浙江/人	江苏/人	上海/人	总计/人	占比/%
学历	小学及以下	52	34	34	64	52	74	18	22	40	0	29	419	49.7
	初中	39	25	13	26	28	14	17	22	33	1	30	248	29.4
	高中/中专	3	15	9	6	12	11	8	11	19	0	16	110	13
	大学专科	4	6	2	2	2	4	1	3	6	0	5	35	4.2
	大学本科及以上	1	11	0	0	3	1	1	3	3	5	3	31	3.7
家庭人口数	≤ 2 人	0	16	15	8	13	10	1	2	0	0	1	66	7.8
	3 人	14	12	7	10	10	9	4	9	13	0	14	102	12.1
	4 人	51	23	9	17	16	12	12	10	23	1	22	196	23.3
	5 人	29	13	13	17	21	19	5	20	44	4	37	222	26.3
	6 人	4	18	10	15	17	18	11	12	14	0	3	122	14.5
	≥ 7 人	1	9	4	31	20	36	12	8	7	1	6	135	16
家庭收入主要来源	外出务工	1	14	15	43	29	45	27	26	47	0	39	286	33.9
	养殖业	2	1	2	1	3	2	1	1	2	0	3	18	2.1
	种植业	90	31	31	19	31	35	4	9	8	1	3	262	31.1
	零散工资、劳务收入	3	24	4	18	22	18	6	16	24	5	31	171	20.3
	其他	3	21	6	17	12	4	7	9	20	0	7	106	12.6
人均年收入	无收入	1	8	3	7	7	3	2	1	1	0	1	34	4
	< 3000 元	10	13	28	15	32	30	11	12	11	0	2	164	19.5
	3000 ～ 5000 元	49	16	13	32	19	37	12	14	23	0	5	220	26.1
	5001 ～ 10 000 元	37	22	4	23	21	20	11	20	32	1	36	227	26.9
	10 001 ～ 50 000 元	1	27	8	17	11	13	4	11	27	4	30	153	18.2
	50 001 ～ 100 000 元	0	4	1	4	7	1	5	2	7	1	8	40	4.7
	> 100 000 元	1	1	1	0	0	0	0	1	0	0	1	5	0.6
是否接受过生态补偿	是	98	61	58	98	91	103	42	48	99	5	76	779	92.4
	否	1	30	0	0	6	1	3	13	2	1	7	64	7.6

其中，调查样本的男女性别比例较均衡；在年龄构成上主要由大于等于 55 岁的老人构成，所占比例为 49.3%；在学历上主要由初中及以下构成，所占比例为 79.1%；长江经济带中农村家庭的人口数普遍多于 3 人，4 人和 5 人家庭占比较大，分别为 23.3% 和 26.3%，大于 5 人的家庭占比达到了 30.5%；家庭收入的主要来源大部分为外出务工和种植业，分别占总调查数量的 33.9% 和 31.1%，继而是零散工资、劳务收入，达到收入来源占比的 20.3%；在人均年收入方面，有 53% 的农民达到 3000 ～ 10 000 元，10 001 ～ 50 000 元的比例为 18.2%，50 001 ～ 100 000 元的占 4.7%，大于 100 000 元的只有 0.6%；92.4% 的农户表示接受过生态补偿，无论是从流域层面还是从县级层面，不同等级的生态补偿均落到了农户手中。

以上数据表明，长江经济带以农业为生计的地区发展处于平稳状态，农户主要由老人构成，受教育程度普遍较低，家庭人口数主要为 3 ～ 7

人，分布较为均匀。维持长江经济带农户生计的方式主要为外出务工及种植作物，依靠养殖业的农户最少，说明大部分农户在现有环境内不能达到理想生活条件，需要去发达地区寻求机会，通过获取额外收入来提升家庭经济水平。此外亦说明，长江经济带农村发展普遍处于初级阶段，在本地生活有一定的稳定收入但还不能满足经济支出。人均年收入主要维持在 1 万元以内，无收入的占比最小，这表明长江经济带农户生存状况较平稳，大多数农户能够维持生计。在是否接受过生态补偿方面，九成以上农户受到政策惠利，体现了不同区域层面的生态补偿政策大体落实到位，查询到的补偿政策与调查到的实际情况大致吻合，生态补偿政策对于维持农户生计和鼓励生态环境保护起到了积极作用。

对问卷中农户的认知程度做统计，统计结果如图 9.2 所示。我们发现农户对研究区及其生态政策知之甚少，其中 68.21% 的农户对“长江经济带”的认知程度为完全不了解，51.72% 的农户对“生态补偿”的认知程度为完全不了解。在农户对实施补偿主体的倾向上（见图 9.3），69.99% 的农户倾向于政府组织，倾向于社会组织的农户占 13.42%，由此可见，对于生态补偿政策的教育普及尚未完善。在调研过程中我们进一步发现农户虽然得到了补偿，但对于采取何种补偿，以及不同补偿政策具体的方式、标准及监管途径，农户没有掌握到确切信息，更多是被动接受而非主动选择。因此，现行长江经济带生态补偿政策需逐步提高实施过程中的透明化、具体化、精细化管理程度。

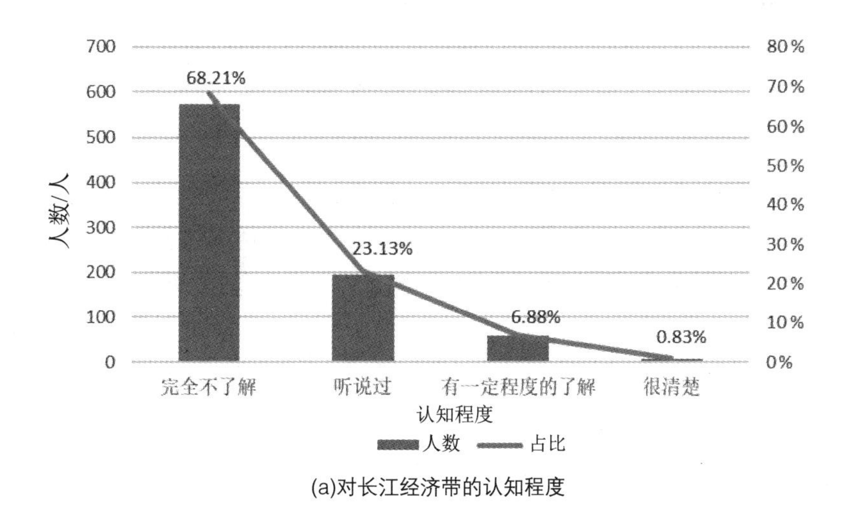

(a)对长江经济带的认知程度

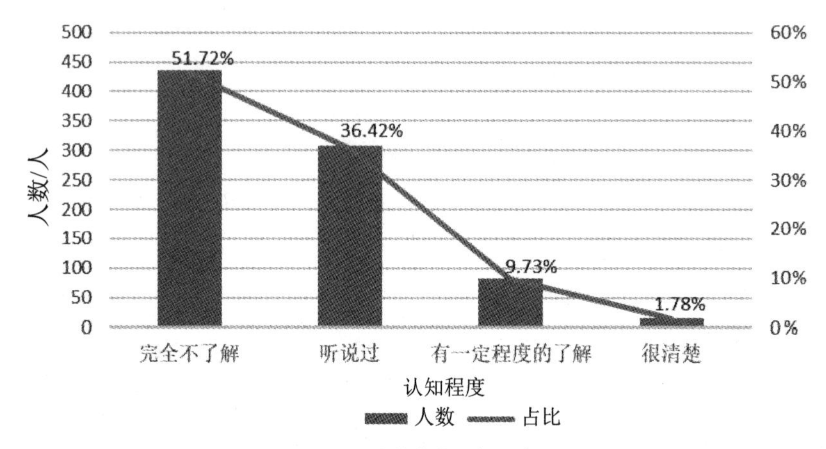

(b)对生态补偿的认知程度

图9.2　对长江经济带和生态补偿的认知程度

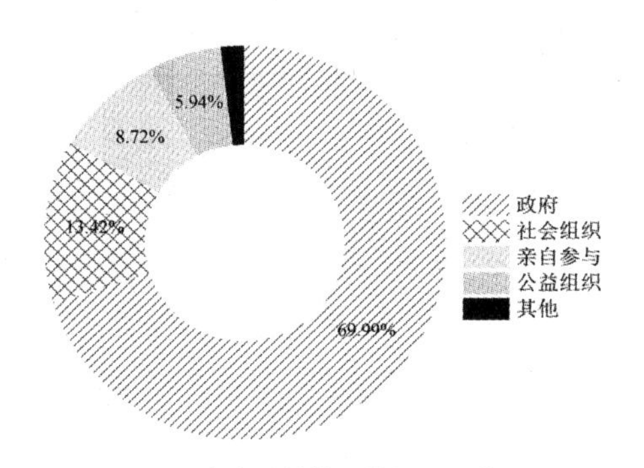

图9.3　农户对补偿主体倾向程度

9.1.3　农户参与程度与生态补偿的关系分析

本章将农户实际接受的生态补偿按不同标准分成五个等级（低、较低、中等、高、较高），选取问卷中的四个问题做出如图9.4所示分布图。可以看到，上海市实际接受生态补偿程度为较高，贵州省和湖南省实际接受生态补偿程度为高；重庆市生态补偿对贫困影响程度为较高，湖北省生态补偿对贫困影响程度为低；重庆市生态补偿政策对农户影响程度为较高；湖北省农户参与生态补偿程度为低，贵州省、安徽省、江西省和浙江省农户参与生态补偿程度为较低，四川省、云南省和湖南省农户参与生态补偿程度为中等，江苏省农户参与程度为高，重庆市农户参与生态补偿程度为较高。

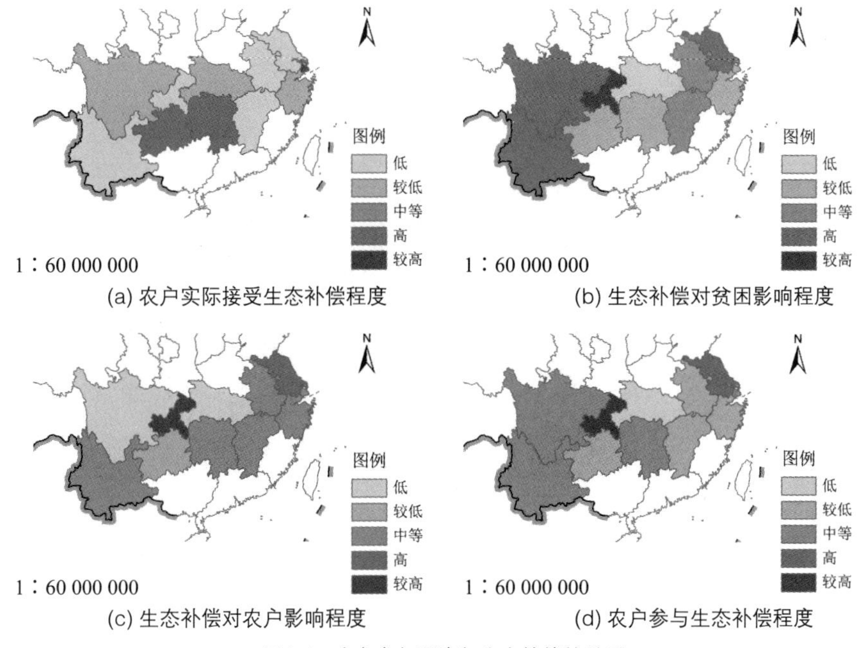

图9.4　农户参与程度与生态补偿的关系

同时，我们统计了问卷中各省市农户是否接受过生态补偿与农户对生态补偿的支付意愿。其中云南省接受过生态补偿的农户达到99.0%，但愿意支付生态补偿的只占4.0%；江苏省和上海市愿意支付生态补偿者占比最大，分别为100.0%和96.4%。

9.2　生态补偿支付意愿及影响因素分析

9.2.1　生态补偿的影响因素分析

经问卷统计，长江经济带农户对生态补偿的支付方式和受偿方式的选择，如图9.5所示。其中约59%的农户选择以义务劳动的方式作为生态补偿的支付方式，28%选择现金补偿的方式；在受偿方式上，约61%的农户选择以现金的方式受偿，13%的农户选择多种方式结合。从调查问卷中我们还可以知道，84.5%的农户认为生态补偿政策利大于弊，同时62.3%的农户认同在治理环境问题时采取法律法规手段，如图9.6所示。

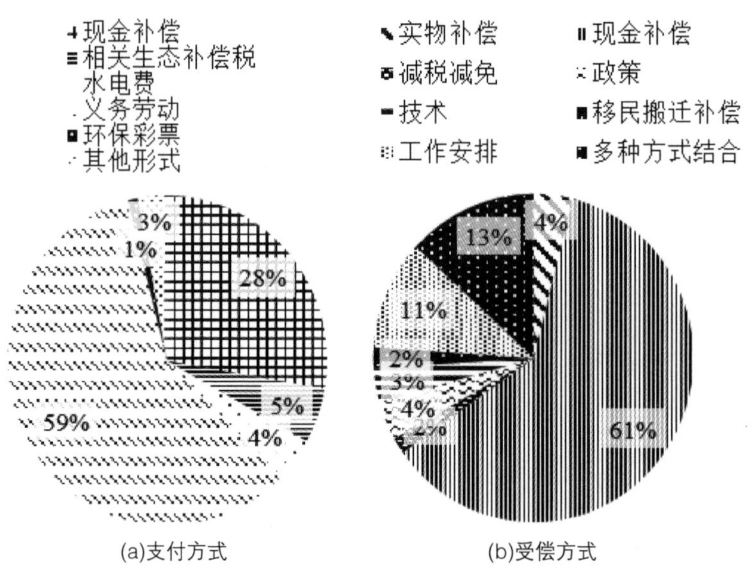

图9.5　长江经济带农户对生态补偿的支付方式和受偿方式的选择

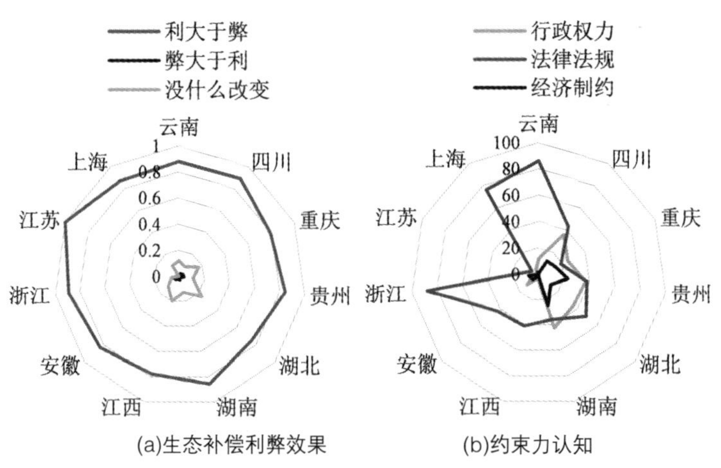

图9.6　长江经济带农户对生态补偿利弊效果和约束力认知的选择

对当前生态补偿政策，农户普遍认为有以下问题，缺乏资金、资金分配不公、补偿制度缺失等，如图 9.7 所示。其中占比最多的问题是资金分配不公，有 325 份问卷选择了此项；参与组织、企业有限也成为主要问题，有 304 份问卷选择了此项；缺乏资金同样是生态补偿存在的普遍问题，选择此项的问卷有 225 份。

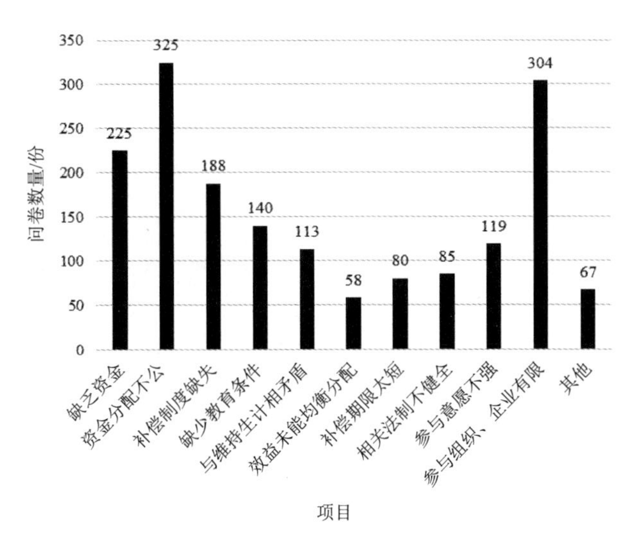

图9.7 当前生态补偿存在的问题

本章从支付意愿理论出发，结合已有研究成果，进行了变量选择。在影响因素方面重点选取了被调查农户的基本信息、被调查农户对生态补偿的认知程度和被调查农户对生态补偿的意愿等几个方面。在被调查农户的基本信息上，主要选取被调查农户的性别、年龄、学历、家庭人口数、人均年收入；在被调查农户对生态补偿的认知程度上选择了是否接受过生态补偿、实际受偿额度、认为补偿多了少了、对长江经济带了解程度、对生态补偿了解程度；在被调查农户对生态补偿的意愿上选择了生态补偿对农户的影响程度及改善贫困的作用程度。首先，对假定影响农户支付意愿的各个变量进行相关性分析，见表 9.2。

表 9.2 支付意愿与各个变量相关性分析

项目	支付意愿		
	皮尔逊相关系数	P值（Sig.，双尾）	样本数
性别	0.069*	0.047	843
年龄	0.155**	0.000	843
学历	−0.185**	0.000	841
家庭人口数	0.011	0.739	843
人均年收入	−0.244**	0.000	842
是否接受过生态补偿	−0.001	0.987	843
实际受偿额度	−0.035	0.331	780
认为补偿多了少了	0.028	0.440	781
对长江经济带了解程度	−0.156**	0.000	841
对生态补偿了解程度	−0.143**	0.000	840
生态补偿对农户的影响程度	−0.059	0.089	843
生态补偿对改善贫困的作用	−0.006	0.851	843

注：1. ** 表示在 0.01 级别（双尾），相关性显著。

2. * 表示在 0.05 级别（双尾），相关性显著。

对各变量逐一与支付意愿做Logistic回归分析，见表9.3。

表9.3　长江经济带农户支付意愿与各个变量回归分析

项目		系数值（B）	标准误（S.E,）	卡方值（Wald）	自由度（df）	P值（Sig.）	OR值 Exp
Step 1	性别	0.251	0.199	1.591	1	0.207	1.286
	年龄	0.310	0.121	6.535	1	0.011	1.363
	学历	−0.076	0.154	0.245	1	0.620	0.927
	家庭人口数	0.057	0.063	0.798	1	0.372	1.058
	人均年收入	−0.418	0.088	22.456	1	0.000	0.658
	是否接受过生态补偿	1.307	0.743	3.095	1	0.079	3.693
	实际受偿额度	−0.053	0.041	1.655	1	0.198	0.949
	认为补偿多了少了	0.107	0.119	0.804	1	0.370	1.113
	对长江经济带了解程度	−0.497	0.235	4.491	1	0.034	0.608
	对生态补偿了解程度	−0.314	0.173	3.297	1	0.069	0.731
	生态补偿对农户的影响程度	−0.079	0.076	1.086	1	0.297	0.924
	生态补偿改善贫困的作用	−0.009	0.076	0.014	1	0.905	0.991
常数		−1.765	1.118	2.492	1	0.114	0.171

从回归分析结果中我们看到了影响农户支付意愿的因素。其中女性、年龄较大的、家庭人口数越多的更偏向正向意愿；而学历和人均年收入则与支付意愿呈负相关；接受过生态补偿的农户反而更不具有支付意愿；在受偿额度与支付意愿的关系中，受偿额度越高，农户支付意愿越低；认为受到补偿多了的农户相较于认为补偿少了的农户更具有支付意愿；同时与对长江经济带了解程度、对生态补偿了解程度呈负相关，说明农户对政策的制定落实并不满意，了解到的政策与实际接受到的补偿有差异；此外，他们认为补偿的影响虽然较小，但仍愿意支付，即对农户生活的影响程度与支付意愿呈负相关；在认为生态补偿对改善贫困是否有正向作用的角度上，关系不显著。

综合以上分析表明：做出决策的生态系统服务提供者在现实中都不是理性的经济人，其改变土地利用方式的主观意愿往往受到年龄、受教育程度、信息接受程度、损失规避等因素的影响。第一，基本情况中性别、年龄和家庭人口数与支付意愿呈正相关。农户为生态系统支付的意愿随人均年收入下降而下降，问卷统计表明，家庭收入较低的农户更愿意用义务劳动等方式为生态补偿做出贡献。不愿意支付的主要原因有家庭经济收入较低、无力支付（122人），应当由政府出资（31人），以及对政府和相关部门缺乏信任（28人）。第二，对政策的认知增强并没有对长江经济带农户的支付意愿起到积极作用，说明决策人对政策的熟知程度有所欠缺，并对政策实施效率持保留态度。农户是生态资本补偿的微观“践行者”[138]，他们的选择决定了政策实施的成效。第三，在本书的实际调研结果中，农户的受偿意愿远高于支付意愿，受偿意愿是支付意愿的 9.26 倍。这表明现有的补偿政策远没有达到农户预期，同时农户更倾向于首先选择维持生计，并不过多考虑生态环境与自身生活的关系，这源于社会分层与收入差距。由于调查的对象是农户，调查结果显示了当下长江经济带的农村问题。农户的生活条件并不宽裕，物质条件还未达到让人满意的状态，他们首先考虑到自身的受补偿问题，受偿意愿远大于支付意愿。综上所述，要达到生态系统服务的目标，应考虑在微观角度中农户参与意愿的重要性，以及政策在实施过程中的透明性、时效性。只有生态系统服务提供者积极参与，才能使生态补偿政策得到充分落实。

9.2.2 基于CVM法的农户生态补偿意愿支付水平分析

根据农户生态补偿支付/受偿意愿所对应的频率分布情况做出的生态补偿支付/受偿金额分布折线图，如图 9.8 所示。由概率分布图可知，长江经济带农户的生态补偿支付意愿金额主要在 0 ～ 100 元（比重达到 56.0%），说明农户更愿意为生态补偿做出最低水平的经济支付。结合前文的支付方式分析，农户更倾向于用义务劳动的方式为改善生态环境做出贡献。受偿的期望额度随着补偿金额的提高而整体上升，其中 100 ～ 200 元、500 ～ 800 元、大于 1500 元的比重分别达到了 12.3%、11.6% 和 19.1%，成为补偿期望最多的额度段。

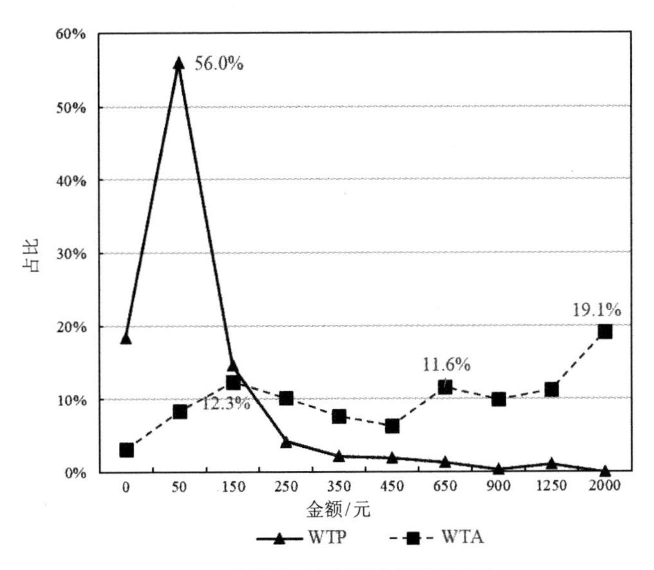

图9.8 支付意愿与受偿意愿概率分布

经计算，$E(\text{WTP})_{正}$=101.305元/（年/人），$E(\text{WTA})_{正}$=791.103元/（年/人）。根据相关数据，可以测算出农户对长江经济带生态保护的支付意愿和受偿意愿分别是$E(\text{WTP})$=82.68元/（年/人），$E(\text{WTA})$=765.77元/（年/人）。从经济学理论的角度来看，对同一商品的支付意愿和受偿意愿应该相等，但是在实际的调查中，受偿意愿要高于支付意愿，通常WTA/WTP的数值在2～10。[139] 比较WTA和WTP的期望值：$E(\text{WTA})/E(\text{WTP})$=765.77/82.68=9.26。

其比值为9.26，在经验范围以内，表明此次接受调研的农户受偿意愿和支付意愿的差异性是较为符合实际情况的。

9.3 长江经济带生态补偿效应评估

9.3.1 生态系统服务与生态补偿机会成本量化方法

生态系统服务价值评估结果是生态补偿依据的前提条件，但由于生态系统服务价值评估具有不确定性，我们一般将使用该法所得的结果当作理论上限。[140]

1.水源涵养量评估

各种类型生态系统能够提供多种多样的生态服务，本章选取水源涵养量作为生态补偿的生态系统服务目标增量。根据以往研究，首先确定本章水源涵养量的核算方法。

（1）林地水源涵养量

森林土壤拦截、渗透与储藏雨水的数量被统称为林地水源涵养量。由于重力作用，雨水降落到林地后，会不断地渗入地下，在通常情况下，森林土壤不会因水分饱和而产生地表径流。因此，可通过年降雨量和林冠（包括灌木层）对降雨的截留率等来计算林地水源涵养量，计算林地水源涵养量的公式如下：林地水源涵养量=林地面积×多年平均降雨量×（1−林冠截留率）×10000×1000^{-1}。用公式表示为：

$$W_t = \sum PS_i\,(1-I_i)\times 10 \tag{9.7}$$

式中，W_t为研究区域的森林水源涵养量（m^3）；P为研究区域的年降雨量（mm）；S_i为第i类森林的面积（hm^2）；I_i为第i类森林的林冠截留率。

依据公式（9.7）和各森林类型对降雨量的截留率，可计算得到长江经济带各省市单位面积林地水源涵养量。

（2）水源地水源涵养量

水源地生态系统所提供的水源涵养量依据涵养水源价值核算，公式为：

$$W_W = R \times S \tag{9.8}$$

式中，W_W为研究区域的水源地水源涵养量（m^3）；R为研究区域的多年平均径流深度（mm）；S为水源地面积（hm^2）。

（3）耕地水源涵养量

耕地水源涵养功能主要指耕地对降水的截留、吸收和贮存，将地表水转换为地表径流或地下水的作用。本章以耕地区域水量平衡法计算耕地水源涵养量。

$$W_C=(G-Z)\times S=G\times(1-n)\times S \tag{9.9}$$

式中，W_C为研究区域的耕地水源涵养量（m^3）；G为研究区域的年平均降水量（mm）；Z为年平均蒸散量（mm）；n为耕地资源上作物年蒸腾量占总降雨的比例，参考已有研究，取值为0.84。可据此计算1hm^2耕地的水源涵养量。

2.机会成本法

本章认为在确定生态补偿标准时应该考虑当地经济发展水平因素以及不同区域所具有的生态系统特征和相关环保政策。[141] 对机会成本法的运用需要综合考虑这些因素，采用机会成本法能够确定农户为提供生态系统服务而损失的其他利益。[142] 本章考虑在自然保护区开展生态补偿政策致使当地工农业的发展受到限制而损失的发展机会所产生的机会成本，包括参与退耕还林的机会成本、参与森林生态补偿的机会成本、参与生态公益林生态补偿的机会成本、参与水源地生态补偿的机会成本、参与种粮补贴生态系统的机会成本等。本章假设参与生态补偿后，农民在短期内无法获得经济效益，则参与生态补偿前的用地类型收益即可表征为参与生态补偿政策的机会成本。

（1）退耕还林机会成本

本章采用研究区单位面积粮食（稻谷）产值作为退耕还林的机会成本，具体做法是：单位面积粮食（稻谷）产值=粮食总产值/粮食播种面积。

（2）森林生态补偿机会成本

林业建设成本=林业建设中发生的林业消耗/造林面积。

（3）生态公益林生态补偿机会成本

对于生态公益林的机会成本，本章采用单位面积经济林产值表示，具体做法是[143]：单位面积经济林产值=经济林产值/经济林面积。

（4）水源地生态补偿机会成本

本章采用研究区单位面积渔业产值作为水源地生态补偿的机会成本，具体做法是：单位面积渔业产值=渔业养殖产值/水源地面积。

（5）粮食补贴生态系统机会成本

本章将土地出让纯收益定为征地区综合地价与征地补偿标准之间的差值。选取研究区最新征地补偿标准（元/hm^2）作为种粮补贴生态补偿的机会成本，由此得到研究区参与种粮补贴生态补偿的机会成本[144、145]。

（6）总体机会成本[146]

总机会成本=（全省城镇农户人均可支配收入－各县农户人均可支配收入）× 各县城镇农户人口+（全省农民人均纯收入－各县农民人均纯收入）× 各县农村人口。

9.3.2　生态补偿标准与生态系统服务关系分析

本章采用最小数据法融合机会成本和生态系统服务增量，通过 Matlab 2018*a* 求取生态补偿标准和参与生态补偿政策比例、生态服务供给之间的曲线。假设农户都是理智的决策人，可以决定某块土地的利用类型a和b。a表示未参与生态补偿时的土地利用方式，此时农户没有得到生态补偿的激励，此时单位面积生态系统服务供给量为0；b表示参与生态补偿时的土地利用方式，此时必定给农户一定的资金激励，假设单位面积参与生态补偿后的生态系统服务供给量为e。这种假设具有普遍性，考虑到生态系统服务价值的变化情况。e为参与生态补偿后单位面积土地所能提供的生态系统服务供给目标。

农户以使自己利益最大化为目标进行土地决策，期望的土地收益为$v(p,s,z)$，其中p为土地产出的产品价格，s表示地块，z分别表示参与生态补偿前后的土地利用类型a和b。当参与前的收益大于改变后的收益，即土地利用类型a转变为土地利用类型b的机会成本$w(p,s)=v(p,s,a)-v(p,s,b)\geq 0$，则农户会选择土地利用方式$a$，即不参与生态补偿，反之会选择参与生态补偿。

将所有土地单元的选择$\omega(p,s)$排序，确定概率密度函数即可得到农户选择参与生态补偿b的土地单元比例$r(p)$：

$$r(p)=\int_{-\infty}^{0}\varphi(\omega)d\omega\ ,(0\leqslant r(p)\leqslant 1) \tag{9.10}$$

如果实施生态补偿政策，每年向农户支付一定的补偿p_e，激励农户参与生态补偿，提供生态系统服务，即土地利用方式从a转为b。p_e为提供的生态系统服务单位价格，即农户多提供1单位生态系统服务就可获得p_e的补偿。

现实施生态补偿政策，当农户选择土地利用方式a，单位面积土地可以获得期望收益$v(p, s, a)$；当农户选择土地利用方式b，可获得的期望收益是$v(p, s, b)+ep_e$，其中$v(p, s, \mathrm{b})$是农户直接从采用土地利用方式b中获得的收益，ep_e是农户参与生态补偿获得的补偿。当：

$$v(p,s,a)-[v(p,s,b)+ep_e]=\omega(p,s)-ep_e<0 \tag{9.11}$$

农户选择土地利用方式b，即参与生态补偿。由此可根据ω的密度函数$\varphi(\omega)$定义ω/e的空间分布$\varphi(\omega/\mathrm{e})$。从而在补偿价格为$p_e$时，机会成本在从0到$p_e$时的参与生态补偿政策土地利用比例为：

$$r(p,p_e)=\int_{0}^{p_e}\varphi(\omega/e)d(\omega/e) \tag{9.12}$$

总面积为H的土地，在私人均衡下生态系统服务供给的期望值$S(p)$为：

$$S(p)=r(p,p_e)\times H\cdot e \tag{9.13}$$

当没有生态补偿政策激励时，新增的生态系统服务供给量为：

$$S(p_e)=r(p,p_e)\times H\cdot e \tag{9.14}$$

则此时生态系统服务供给总量为：

$$S(p,p_e)=S(p)+r(p,p_e)\times H\cdot e \tag{9.15}$$

本章利用生态系统服务供给机会成本的空间分布推导生态补偿标准的过程，如图9.9所示。左半部分曲线表示的是机会成本的空间分布，纵轴为农户提供的单位生态系统服务价格ω/e，横轴是其概率密度$\varphi(\omega/e)$，其形态取决于机会成本的方差与均值。右侧的生态系统服务供给曲线代表单位生态服务价格函数，横轴代表新增的生态系统服务供给量$S(p)$。图中生态服务供给曲线与横轴相交于$S(p)$点，此时新增生态系统服务为0；随着补偿标准的增加，参与生态补偿政策的土地利用方式增加，生态系统提供的服务量随之增加并逐渐接近最大值即垂直渐近线$H\cdot e$。

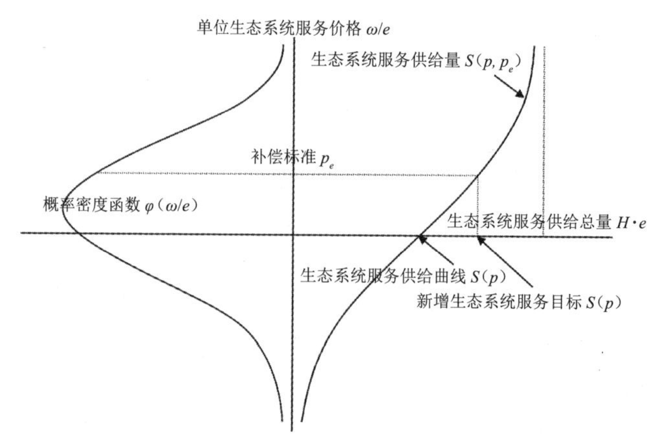

图9.9　生态系统服务供给推导过程

1. 退耕还林生态补偿

由图 9.10 和图 9.11 可知，农户参与退耕还林的比例随着单位面积水源涵养量补偿价格的增加而上升，退耕还林的水源涵养量亦随之增加。以四川省为例，当单位面积退耕林地水源涵养量补偿价格 p_e=7.06 元/m³ 时，在此补偿水平下能达到的激励效果是自愿退耕还林比例为 20%，此时退耕还林面积达到 14 360.82hm²，退耕林地能提供的水源涵养量约为 9.14×10^7m³；当采用平均机会成本 p_e=9.30 元/m³ 时，农户参与意愿达到 50%，退耕还林能提供的水源涵养量约为 2.29×10^8m³；若再次提高补偿标准，达到最佳补偿标准 p_e=19.63 元/m³ 时，农户参与退耕还林生态补偿的比例达到 99.00%，此时参与退耕还林的土地能提供的水源涵养量为 4.57×10^8m³。如图 9.12 所示。

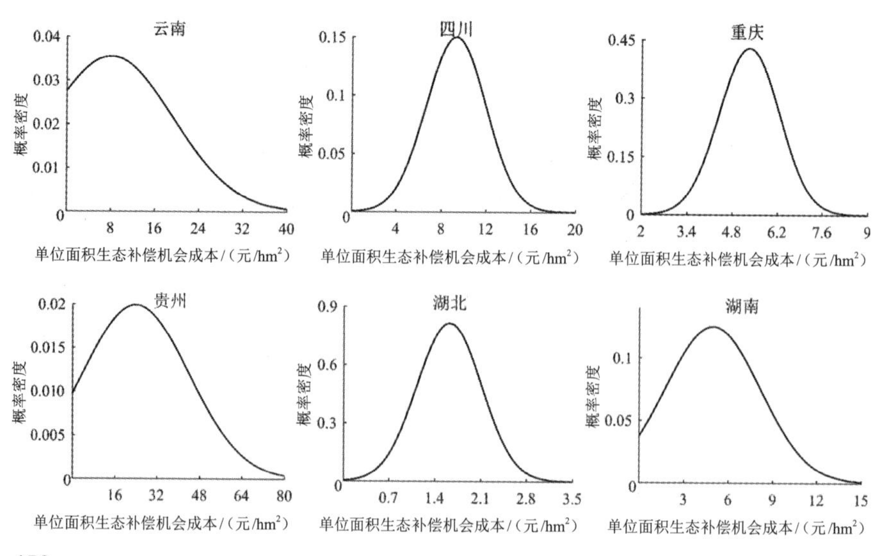

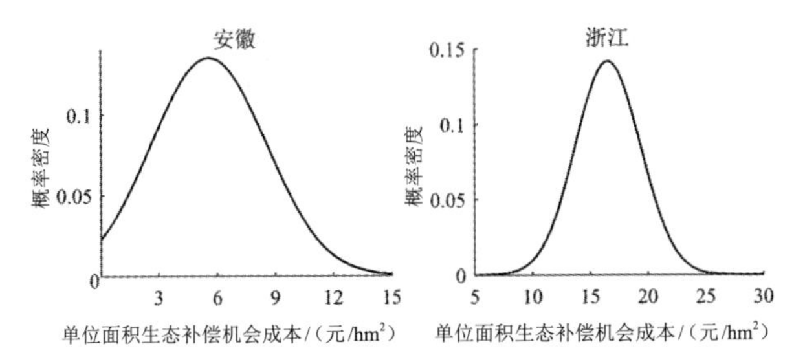

图9.10 单位面积退耕还林机会成本的空间分布

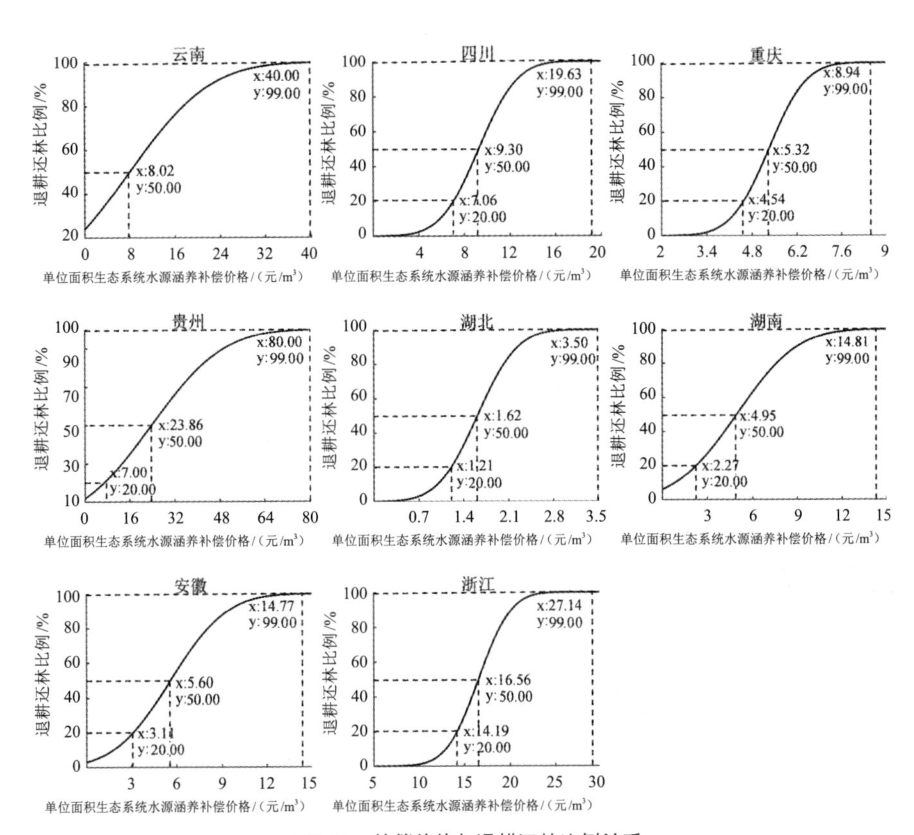

图9.11 补偿价格与退耕还林比例关系

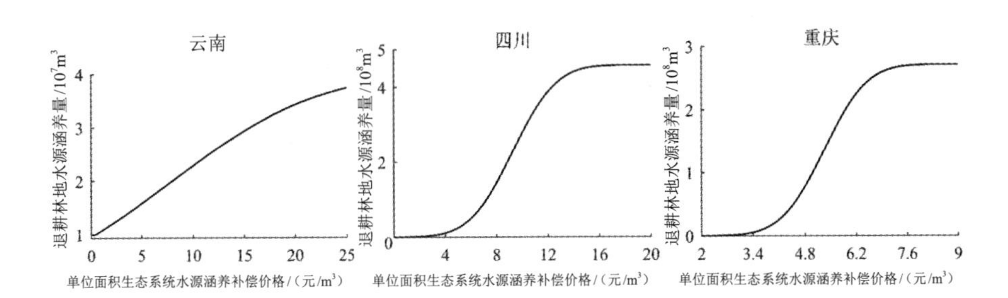

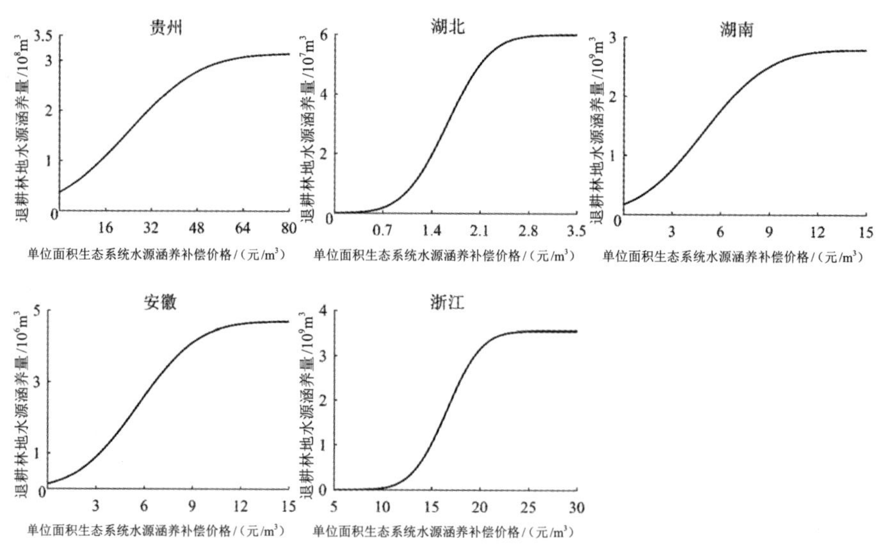

图9.12　补偿价格与退耕还林水源涵养量目标关系

2.水源地生态补偿

由图9.13可知，长江经济带中4个省市存在水源地生态补偿政策，分别为贵州、浙江、江苏和上海。当农户参与水源地生态补偿的比例为20%时，补偿标准分别为0元/m^3、52.59元/m^3、81.22元/m^3、89.19元/m^3，此时水源地所提供的水源涵养量分别为$1.2\times10^7m^3$、$1.38\times10^7m^3$、$2.14\times10^6m^3$、$1.18\times10^7m^3$；当采用平均机会成本时，4个省市农户的参与意愿达到50%，水源地生态补偿标准分别50.08元/m^3、154.30元/m^3、180.70元/m^3、860.10元/m^3。

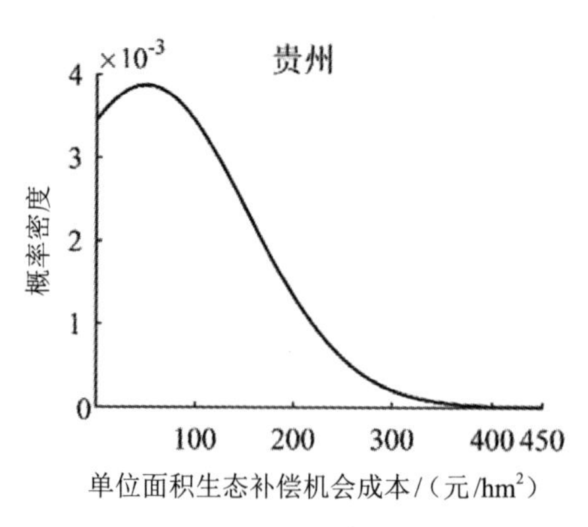

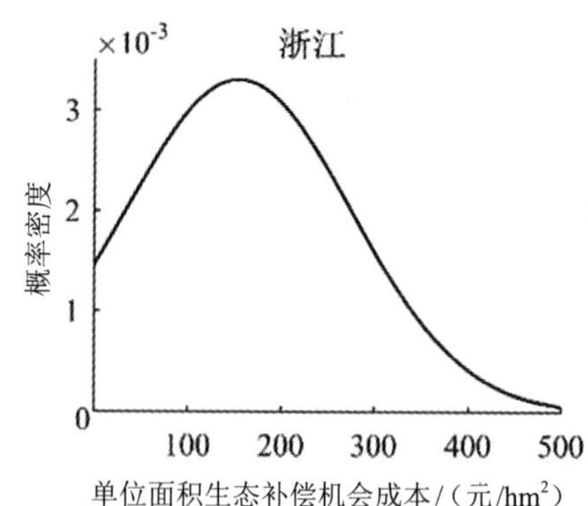

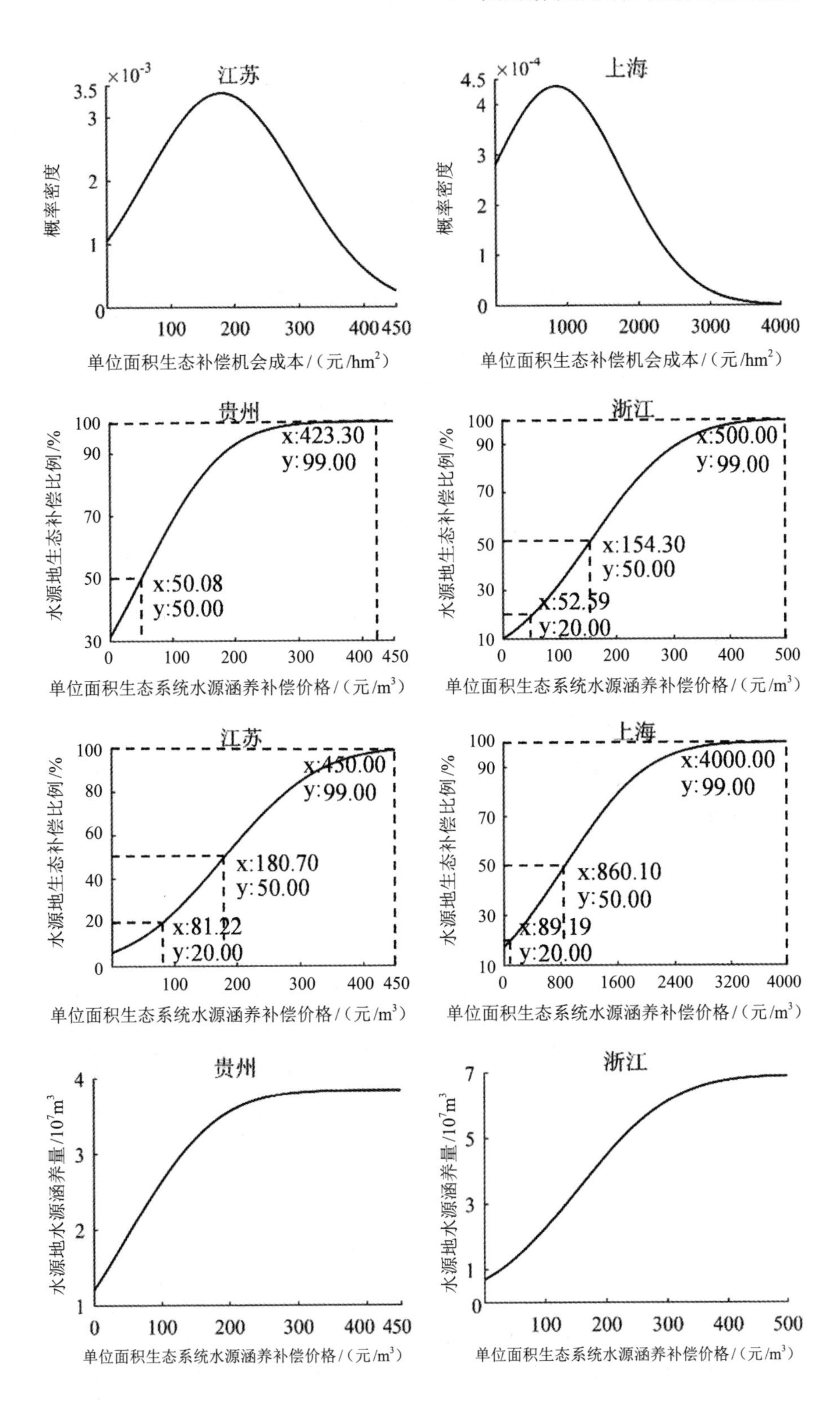
江苏
×10⁻³
概率密度
单位面积生态补偿机会成本/（元/hm²）
上海
×10⁻⁴
概率密度
单位面积生态补偿机会成本/（元/hm²）
贵州
水源地生态补偿比例/%
x:423.30
y:99.00
x:50.08
y:50.00
单位面积生态系统水源涵养补偿价格/（元/m³）
浙江
水源地生态补偿比例/%
x:500.00
y:99.00
x:154.30
y:50.00
x:52.59
y:20.00
单位面积生态系统水源涵养补偿价格/（元/m³）
江苏
水源地生态补偿比例/%
x:450.00
y:99.00
x:180.70
y:50.00
x:81.22
y:20.00
单位面积生态系统水源涵养补偿价格/（元/m³）
上海
水源地生态补偿比例/%
x:4000.00
y:99.00
x:860.10
y:50.00
x:89.19
y:20.00
单位面积生态系统水源涵养补偿价格/（元/m³）
贵州
水源地水源涵养量/10⁷m³
单位面积生态系统水源涵养补偿价格/（元/m³）
浙江
水源地水源涵养量/10⁷m³
单位面积生态系统水源涵养补偿价格/（元/m³）

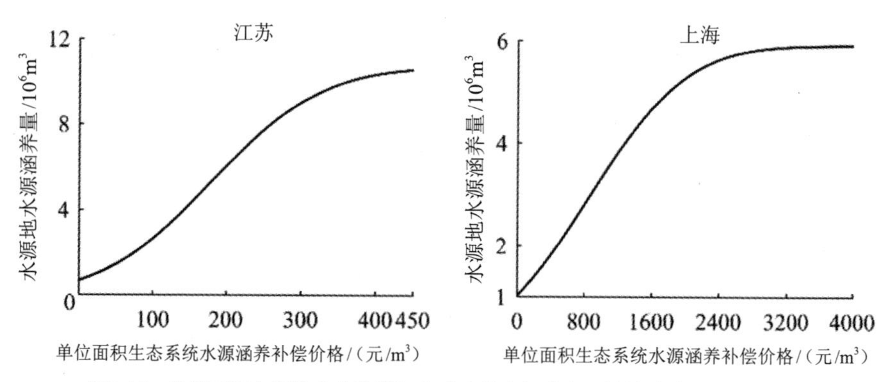

图9.13 单位面积水源地生态补偿机会成本的空间分布；补偿价格与水源地生态补偿比例关系；补偿价格与水源地水源涵养量目标关系

3.生态公益林生态补偿

调研发现，湖北、湖南、浙江和上海的生态公益林生态补偿政策实施较好，由图9.14可知，随着公益林生态补偿标准的提高，农户参与的积极程度增加，随之提供的生态系统服务增加。其中当补偿比例达到99%时，4个省市的补偿标准分别为12元/m^3、4.8元/m^3、140元/m^3、2.5元/m^3，提供的水源涵养量分别为$1.03\times10^{10}m^3$、$4.77\times10^9m^3$、$1.71\times10^7m^3$、$1.91\times10^7m^3$。

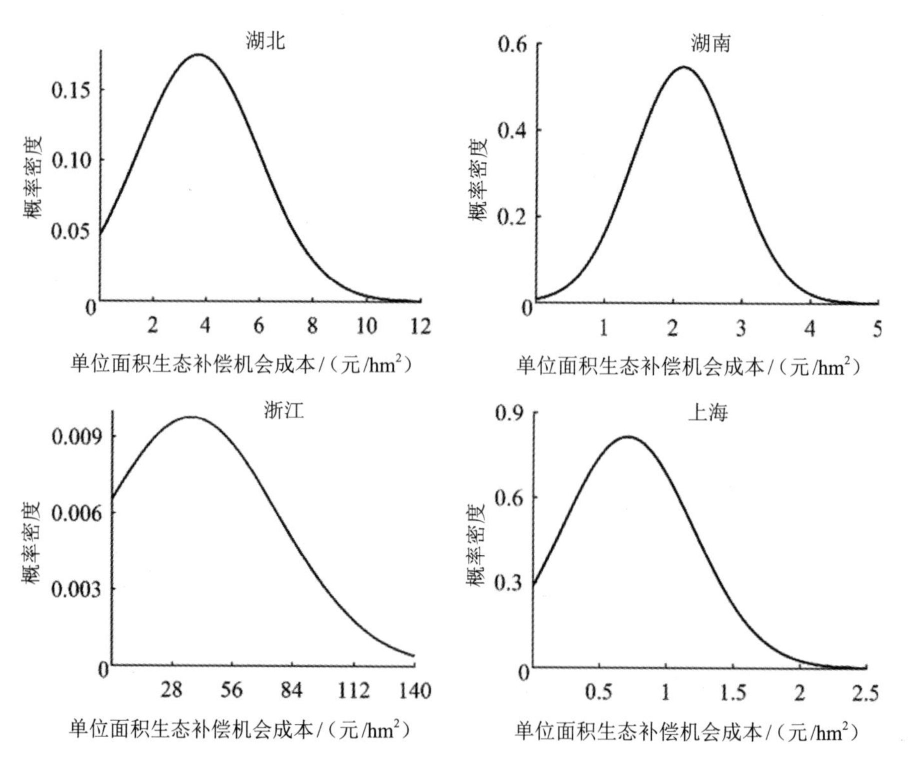

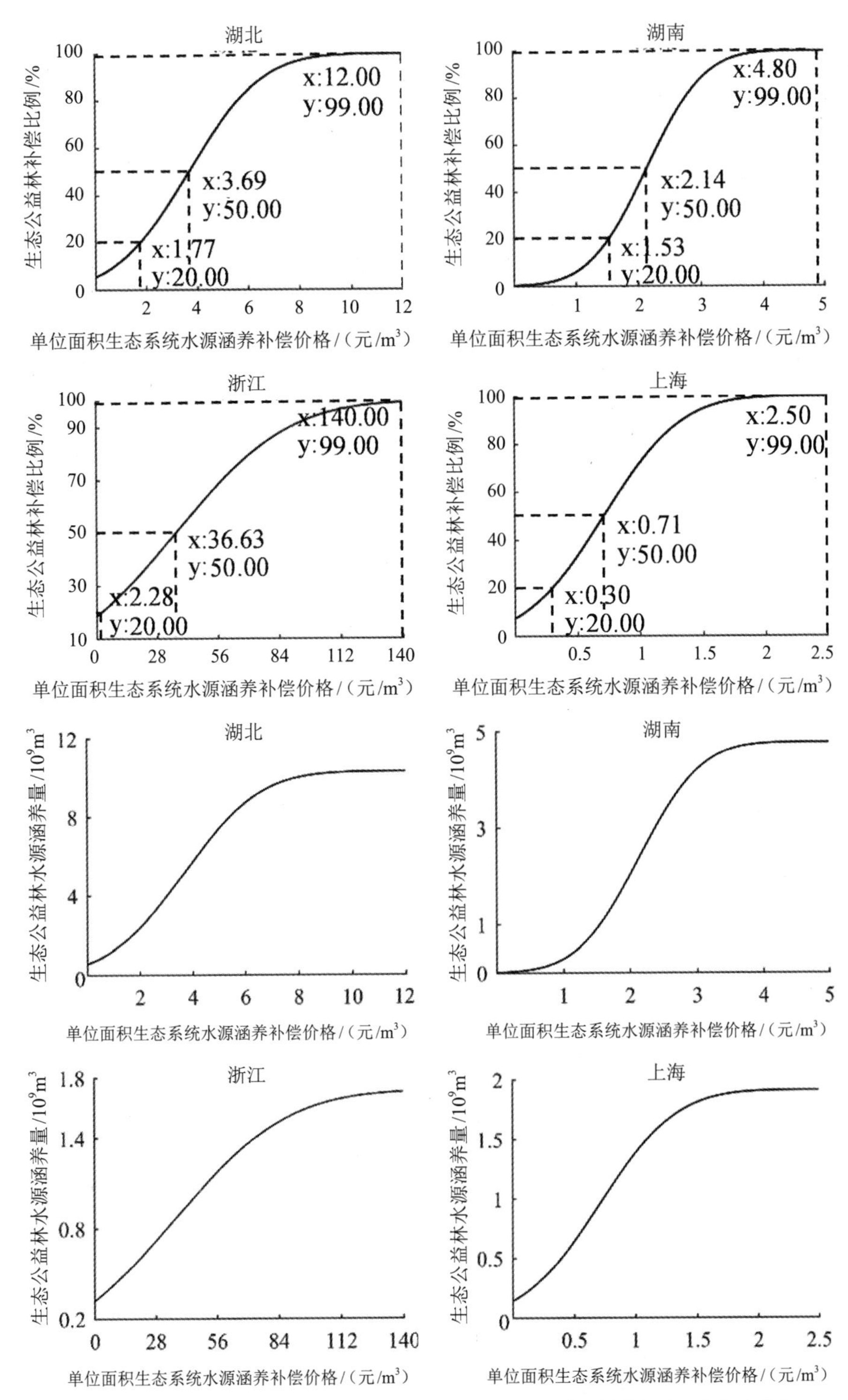

图9.14 单位面积生态公益林生态补偿机会成本的空间分布；补偿价格与生态公益林生态补偿比例关系；补偿价格与公益生态林水源涵养量目标关系

4. 森林生态补偿

实施森林生态补偿的只有湖北和湖南两个省，如图9.15所示。当湖北和湖南的补偿标准分别为2.06元/m^3和0.03元/m^3时，农户参与的比例只达到20%，林地所提供的水源涵养量分别为$3.85\times10^7m^3$、$7.50\times10^8m^3$；当补偿标准提高到7.94元/m^3和0.19元/m^3时，补偿比例达到50%；继续提高补偿标准到33.5元/m^3和0.88元/m^3时，农户参与的土地比例可达到99%，能够提供的水源涵养量目标为$1.93\times10^8m^3$、$4.77\times10^9m^3$。

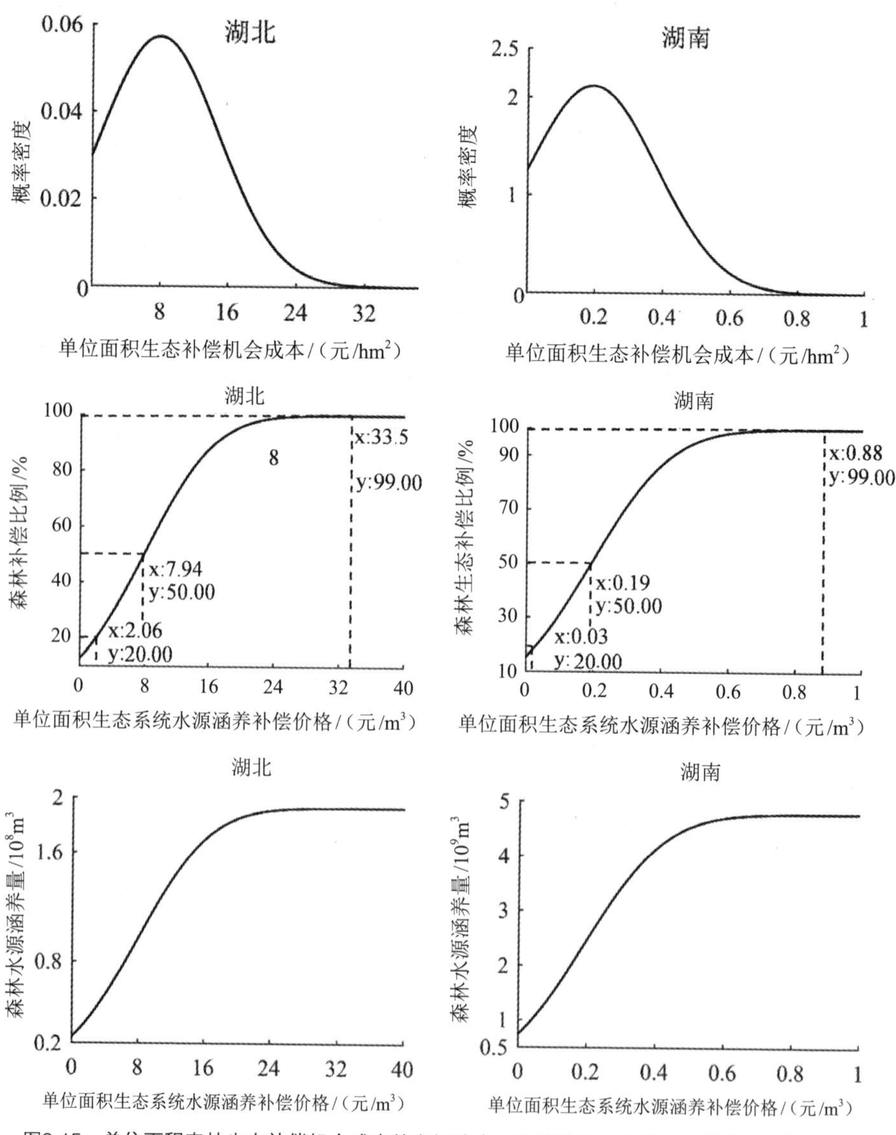

图9.15　单位面积森林生态补偿机会成本的空间分布；补偿价格与森林生态补偿比例关系；补偿价格与森林水源涵养量目标关系

5. 种粮补贴生态补偿

在长江经济带11个省市中普遍存在种粮补贴政策，具体情况如图9.16至图9.17所示。当土地利用转化率达到20%时：较高的是上海和云南，分别达到3329.00元/m^3和1265.00元/m^3；较低的是浙江和江苏，分别为81.45元/m^3和113.10元/m^3；其余7个省，湖北、湖南、江西、安徽、四川的补偿标准均在100～250元/m^3，重庆和贵州分别为1222.00元/m^3、323.70元/m^3。随着补偿标准的提高，农户的参与意愿也逐渐升高，水源涵养量根据省份情况不同而不同。当达到50%参与度时：补偿标准较高的是上海和云南，分别为3823.00元/m^3和2239.57元/m^3，所提供的水源涵养量分别为$4.68\times10^4m^3$和$1.31\times10^7m^3$；其次是重庆和贵州，分别达到1203.00元/m^3和386.80元/m^3，相对来说提供的水源涵养量为$1.83\times10^8m^3$和$1.02\times10^7m^3$；湖北、四川、湖南和江西的单位面积补偿标准相差不超过250元，能够提供的水源涵养量为$7.84\times10^6m^3$、$2.24\times10^7m^3$、$1.56\times10^7m^3$、$3.22\times10^7m^3$；较低的是江苏、浙江和安徽，均低于150元/m^3，能够提供的水源涵养量分别为$1.28\times10^{10}m^3$、$7.88\times10^6m^3$和$8.52\times10^6m^3$。当补偿标准继续提高，各省市水源涵养量也将达到目标量。当农户参与生态补偿比例达到99%时：补偿标准较高的依旧是上海和云南，分别为5954.00元/m^3和5000.00元/m^3，此时的水源涵养量达到$9.36\times10^4m^3$和$2.59\times10^7m^3$；水源涵养量较高的省份分别为江苏、重庆和江西，对应的水源涵养量分别为$2.58\times10^{10}m^3$、$3.64\times10^8m^3$和$6.42\times10^7m^3$，补偿标准为130.00元/m^3、1500.00元/m^3和220.00元/m^3；在其余6省中单位面积补偿标准大于300.00元的有3个省，分别是贵州、湖南和浙江，对应补偿标准为600.00元/m^3、300.00元/m^3和300.00元/m^3，这3个省提供的水源涵养量分别为$2.04\times10^7m^3$、$3.11\times10^7m^3$和$1.57\times10^7m^3$；安徽、四川和湖北的补偿标准分别为135.00元/m^3、213.60元/m^3和220.00元/m^3，对应的水源涵养目标量分别为$1.75\times10^7m^3$、$4.40\times10^7m^3$和$1.57\times10^7m^3$。如图9.18所示。

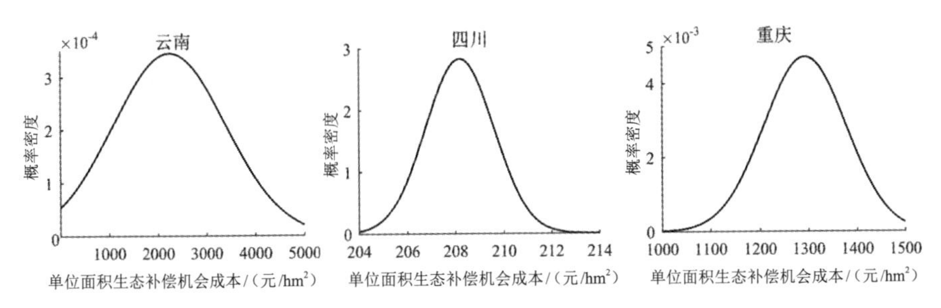

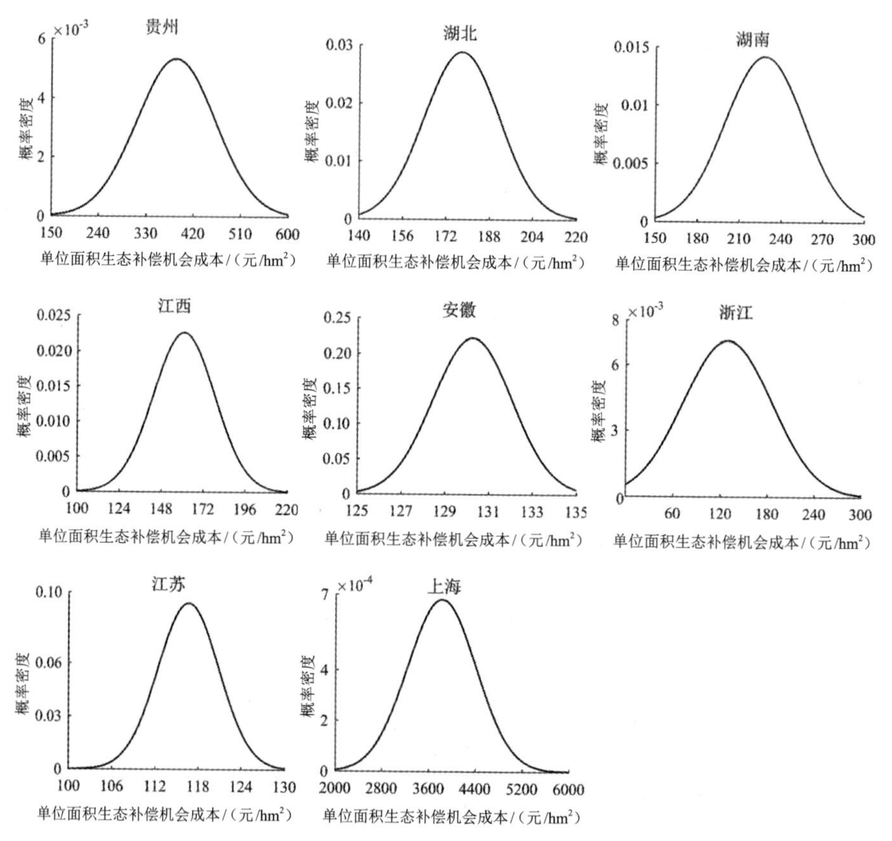

图9.16　单位面积种粮补贴机会成本的空间分布

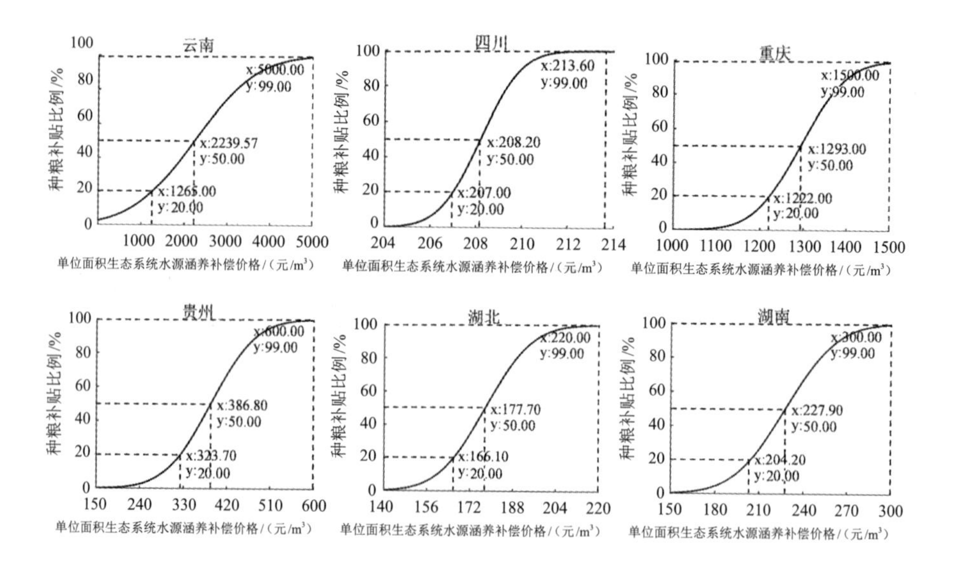

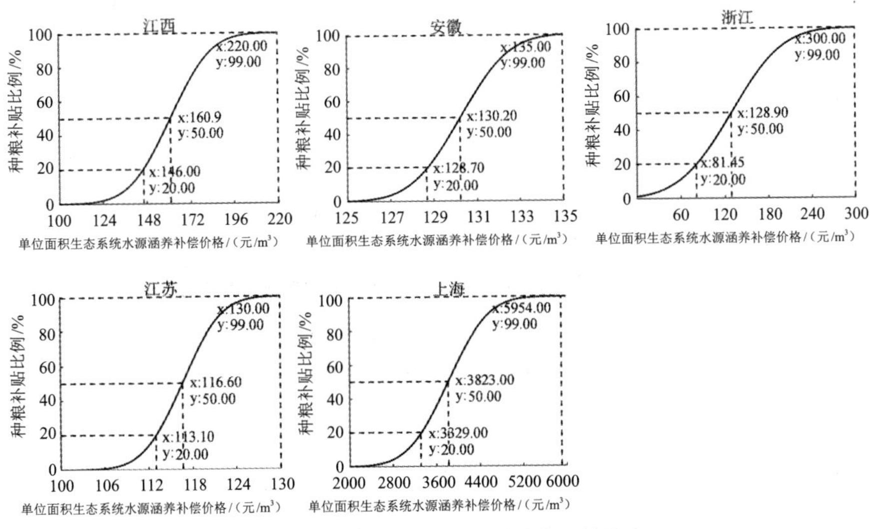

图9.17 补偿价格与种粮补贴补偿比例关系

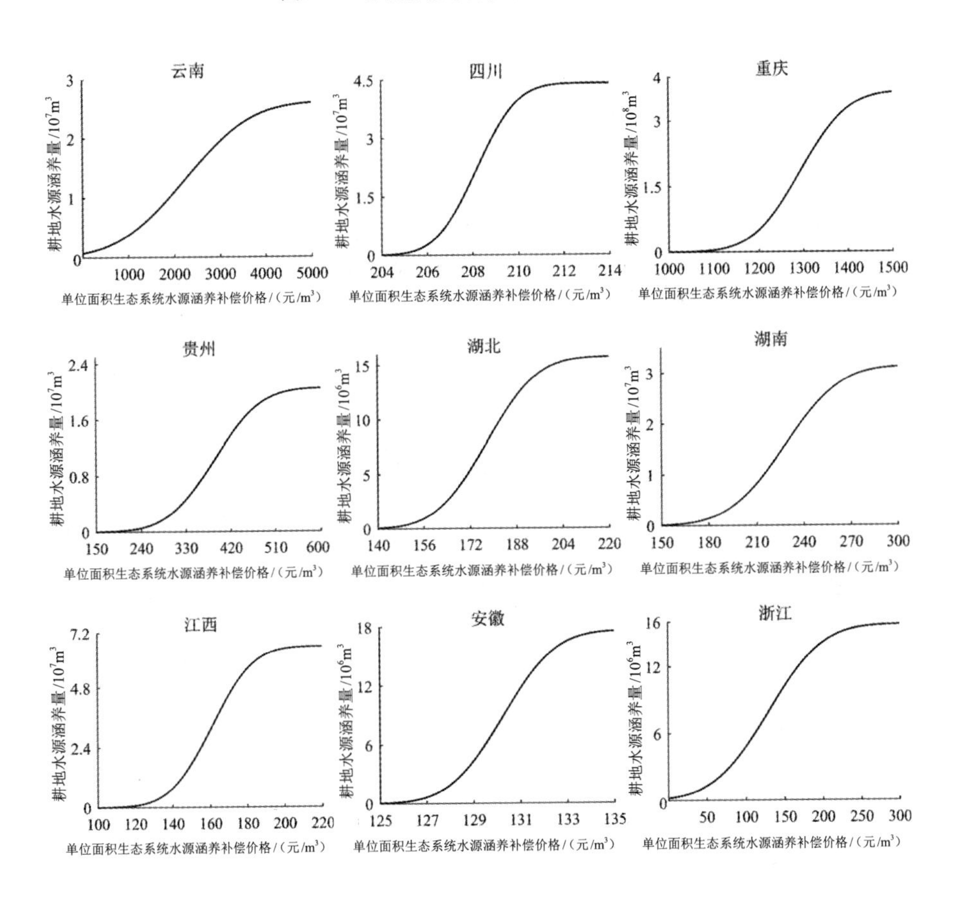

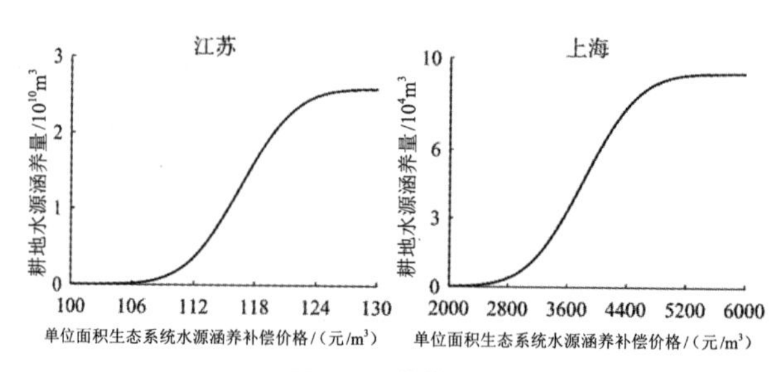

图9.18 补偿价格与种粮补贴水源涵养量目标关系

9.3.3 生态补偿标准对生态系统服务影响的生态效应

在我国正在实施的生态补偿项目中，农户只能被动地接受涉及自己切身利益的生态补偿。由研究中所涉及的同一地区五种不同类型的生态补偿，推导出的生态系统服务供给曲线皆是不同的，可以据此获得在某一生态系统服务目标下的补偿标准。这种补偿标准是动态的，随着目标的变化而变化。[147] 由于生态系统服务功能和经济发展水平具有空间异质性，不同区域同一生态补偿类型的补偿标准随土地利用方式转化比例、生态系统服务量变化的过程而有所不同，由此应结合不同需求，建立长江经济带生态补偿差别化、动态化标准。同时，补偿标准的高低决定了补偿政策实施的效率，只有当补偿标准接近或大于农户的机会成本时，才能激励农户参与生态补偿，改变土地利用方式，这样补偿政策才能发挥激励效用；当补偿标准远低于农户生存的基本保障时，农户参与土地利用转换的自愿性降低，生态系统提供的生态供给服务远低于目标值，此时生态补偿政策的实施是低效的。为保障生态补偿政策实施的高效性，补偿标准应依据生态系统服务供给者应对不同用地类型的机会成本而制定，从而根据机会成本、土地利用转换比例及提供的生态系统服务价值建立精准、高效的生态补偿机制。

随着补偿标准的提高，土地利用转化比例提升，所提供的生态系统服务量也逐渐增加。当补偿标准增加到某一值时，转化比例达到99%，生态系统服务的供给量达到目标值，此时我们认为补偿将达到一种“边际效应”。从经济学角度看，生态系统服务功能和生态补偿是一种“投入和产出”或“理想费效比”的关系，即通过科学的生态补偿投入而获得生态系统的优化，从而产生所需的生态效益。[138] 若视补偿为投入，将参与生态补偿的土地所提供的生态系统服务视为产出，那么当补偿标准达到某一阈值时，边际补偿收益达到最高；如若再提高补偿标准，使补偿标准远高于农户改变用地类型的机会成本，所带来的结果是生态系统服务供给量不再增加，产生边际递减效应，导致补偿政策运行过程中的虚耗，造成补偿资金的浪费；同时，我们也得到了补偿标准中生态系统服务最低阈值，即不进行生态补偿时所提供的生态系统服务供给量。由此可根据不同地区的生态系统服务需要，制定不同的生态补偿标准，以规范和约束人类开发建设的行为，激励农户保护生态系统的意识及措施，保障生态资源的动态正负经济性平衡。

9.4 长江经济带生态补偿与经济增长实现路径

生态补偿的实施能够改善区域生态系统服务，提升环境质量，从而提高生态系统服务的价值，形成生态资源向生态资本转变并实现共生的良性机制。生态系统服务作为连接自然环境和人类社会的纽带，是人地关系耦合机制研究的重要理论支撑。[148] 生态系统服务供给与农户福祉是否达到协调和是否能可持续改善，是验证生态补偿能否达到“双赢”的重要指标，是解决生态补偿可持续性问题的理论基础，也是生态补偿机制设计与优化的关键。[149、150] 本章对生态系统服务功能进行认定和评估，再将生态系统服务价值评估结果作为生态补偿依据。通过对比分析发现，社会经济发展的差异和地域资源分配不均等问题造成不同地区不同类型生态补偿标准存在较大差异，并且补偿标准随着土地利用方式的转变、生态系统服务的变化而变化。当前流域视角下的生态补偿仍存在流域开发与生态安全保护之间的尖锐矛盾，且流域整体性保护不足，生态保护碎片化，生态系统退化的趋势没有从根源上得到遏制。[151] 长江经济带是长江流域的核心部分，具有重要的战略地位，因此在平衡流域上、中、下游生态保护与发展的利益关系目标导向下，从问题出发，遵循“新发展理念”，从全流域视角优化配置资源要素，明确上下游政府间权责关系，在中央政府引导下，由市场主导和地方政府推动，形成支持生态系统修复、协调发展的合作机制，探求长江经济带生态补偿与经济增长的实现路径，对实现生态保护和经济发展的互利共赢具有重要的实践指导价值。

本章从长江经济带发展现状、主要矛盾以及未来趋势等方面着手，以生态环境保护和高质量发展的约束条件、发展模式以及内生动力等几个重要问题为焦点进行辨析，系统地梳理了现阶段长江经济带生态补偿与经济高质量发展的驱动因素。以长江经济带 11 个省市中具有典型实践与研究意义的生态补偿试验点为调查区域，通过问卷调查的形式了解农户关于生态补偿的支付意愿和受偿意愿，根据“谁开发谁保护，谁受益谁补偿”的原则，明晰了生态补偿的责任边界，明确了生态补偿的主体即政府。探讨退耕还林、水源地、生态公益林、森林以及种粮补贴的生态补偿价格与农户参与意愿和水源涵养量之间的关系，从农户视角出发，进行生态补偿影响因素分析，评估了生态补偿实施效应，确定了生态补偿与经济增长实现路径主要包括以下几点。

1. 在绿色发展中打造流域生态补偿差异化优势

长江经济带横跨我国东西 11 个省市，地势落差大，资源禀赋优势强，气候条件具有多样性。应按照生态优先、绿色发展的要求，从长江经济带的实际发展状况出发，宜山则山、宜水则水、宜粮则粮、宜工则工、宜农则农，以全流域生态补偿和经济高质量发展为目标，对不同生态补偿类型分类施策，形成生态补偿的差别化管理。例如，对于水源地的生态补偿，长江经济带中 4 个省市存在水源地生态补偿政策，分别为贵州、浙江、江苏和上海，当农户参与水源地生态补偿的比例为 30% 时，补偿标准分别为 0 元/m^3、52.59 元/m^3、81.22 元/m^3、89.19 元/m^3，此时水源地所提供的水源涵养量分别为 $1.2\times10^7m^3$、$1.38\times10^7m^3$、$2.14\times10^6m^3$、$1.18\times10^7m^3$。其中贵州与其他 3 个省市在环境状况、经济条件、地理位置上均有较大差别，当农户参与生态补偿比例一定时，不同省市的补偿标准不一样，贵州最少，上海最多。在提高补偿标准以激励农户参与生态补偿后，水源地的水源涵养量也随之升高。因此要着重处理好整体性与差异性之间的关系，既要统筹规划长江经济带水源地的生态补偿与经济高质量发展的方案，突出长江经济带的战略地位优势和整体特色，又要善于利用流域内不同省份在绿色发展方面的特点及优势，推动在绿色发展中形成流域差异化的生态补偿格局。

2. 适当提高补偿标准，提升生态资本

生态补偿的实施能够改善生态环境，促进生态系统服务能力的提升。以四川为例，在退耕还林的生态补偿中，当单位面积退耕林地水源涵养量补偿价格为 7.06 元/m^3 时，在此补偿水平下能达到的激励效果是自愿退耕比例为 20.00%，此时退耕还林面积达到 14 360.82hm^2，退耕林地能提供的水源涵养量约为 $9.14\times10^7m^3$；当采用平均机会成本 9.30 元/m^3 时，农户参与意愿达到 50.00%，退耕还林能提供的水源涵养量约为 $2.29\times10^8m^3$。这表明农户参与退耕还林的比例随着单位面积水源涵养量补偿价格的增加而上升，退耕还林的水源涵养量也随之增加，并且提高补偿标准能够激励更多的农户参与退耕还林生态补偿。同时，以往的研究表明，在退耕还林工程生态效益总价值量中，水源涵养和固碳释氧等功能发挥着重要作用。由于退耕还林直接造成土地利用方式改变，进而间接影响生态系统服务功能在速率和方向上产生变化，使得其在地球养分循环等方面发挥了积极的作用，从而使生态资源更多地转为生态资本，实现生态资源与生态资本的良性耦合关系。因此在一定阈值范围内，适当提高生态补偿标准，既能激励农户参与生态补偿的实践，提升农户的收入，实现部分贫困地区的绿色扶贫；又能起到改善生态环境，涵养自然资源，提升生态资本的作用。适当提高生态补偿标准是实现生态补偿与经济发展的绿色发展路径。

3. 拓宽共同利益基础

互利共赢是人类社会发展的重要特征之一，国家与国家之间、地区与地区之间存在着社会经济的互补性、信息的流通性以及生态系统的共享性，在社会、经济、自然等多方面相互约束，互为共同体。生态补偿作为生态环境保护和经济发展的纽带，可为不同区域创造共同利益。由于流域上、中、下游之间难免存在环境污染、资源配置、经济发展等方面的利益争端，因此，在实践中需要各地区之间有商有量，实现区域间的互利共赢。例如，上游地区可以为下游地区提供农产品、劳动力等，下游地区可以给上游地区输送人才和技术，加大利益共享的受益群体，以流域为抓手，以水资源合作为载体，增强能源、经济等方面的合作，从而实现整个流域的协调发展。

4. 建立长期性、多元化生态补偿机制

传统的生态补偿方式是政府的财政补贴，随着社会经济的发展和传统观念的改变，生态补偿的类型、方式都在不断丰富，由最初的财政补贴演变成多元化的补贴形式，如贷款、基金、产业、技术等都有可能成为补贴内容。与此同时，在主体方面，生态补偿也由以政府为主导发展为企业、群众等多主体协同参与的补偿形式。这种变迁为建立长期性、多元化的生态补偿机制提供了可能。对于长江经济带来说，流域上、中、下游之间的经济发展不平衡，地域化差异较大，单一的纵向生态补偿方式不利于中央财政支出压力的缓解。因此一方面要将这种由财政资金直接补偿转变为投入基础设施建设，对受偿地区进行“造血型”补偿，发挥中央政府在横向生态补偿中的政策引导作用，引导社会资本投资，让市场发挥资源配置的决定性作用。另一方面加强地方政府间的合作，下游经济发达的地区可以对上游经济欠发达地区实施技术帮扶，并采取对口帮扶、扶贫开发、设立生态保护基金等方式，落实对上游的生态补偿责任，建立健全长期性、多元化的生态补偿机制。

在深入分析生态补偿与经济发展的实施效应以及路径特征的基础上，践行“绿水青山就是金山银山”的发展理念，保护生态效益，为经济发展奠定物质资源基础，从而更有利于经济增长。这可以为我国生态补偿机制的评估与调试提供现实依据，并为流域尺度下生态补偿机制的有效构建提供必要参照。

9.5 本章小结

本章主要对长江经济带生态补偿与经济增长实现路径进行了分析。首先基于农户层面，采用意愿调查法和问卷调查法对长江经济带 11 个省市发放问卷，进行问卷调查，然后采用机会成本法，量化不同省市、不同类型的生态补偿标准和生态系统服务价值，并基于最小数据模型计算了长江经济带的生态补偿标准上限，发现随着补偿标准的提高，生态补偿的参与度逐渐上升，而上升的幅度取决于不同研究区域农户的机会成本。本章还对不同省份的不同生态补偿类型对应的由机会成本所导致的生态补偿阈值进行了测算，深究其差距，发现是由社会经济发展的差异和地域资源分配不均等因素造成的。在此基础上，本章分析了生态补偿标准对生态系统服务影响的生态效应，由于生态系统服务功能和经济发展水平具有空间异质性，不同区域同一生态补偿类型的补偿标准随土地利用方式转化比例、生态系统服务量变化的过程而有所不同，因此要建立动态化、差别化的生态补偿标准。同时，补偿标准的高低决定了补偿政策实施的效率，在一定阈值范围内，随着补偿标准的提高，土地利用转化比例增加，所提供的生态系统服务量也逐渐增加。由此，可以根据不同地区的生态系统服务需要，制定不同的生态补偿标准，以规范和约束人类开发建设的行为，激励农户保护生态系统的意识及措施，保障生态资源的动态正负经济性平衡。最后，本章结合长江经济带的发展现状以及主要矛盾等问题，探讨了生态补偿与经济发展的驱动逻辑，明确了生态资源与生态资本共生的机理，寻求生态补偿与经济发展的实现路径。

参考文献

[1] WESTMAN W E. How much are nature’s services worth? [J]. Science，1977，197（4307）：960-964.

[2] 刘春江，薛惠锋，王海燕，等. 生态补偿研究现状与进展[J]. 环境保护科学，2009，35（1）：77-80.

[3] CUPERUS R，CANTERS K J，PIEPERS A A G. Ecological compensation of the impacts of a road. Preliminary method for the A50 road link（Eindhoven-Oss，The Netherlands）[J]. Ecological Engineering, 1996，7（4）：327-349.

[4] WUNDER S. Payments for environmental services：some nuts and bolts [J]. CIFOR Occasional Paper，2005，42（42）：24.

[5] ENGEL S，PAGIOLA S，WUNDER S. Designing payments for environmental services in theory and practice：An overview of the issues[J]. Ecological Economics，2008，65（4）：663-674.

[6] FARLEY J，COSTANZA R. Payments for ecosystem services：From local to global [J]. Ecological Economics，2010，69（11）：2060-2068.

[7] NEWTON P，NICHOLS E S，ENDO W，et al.. Consequences of actor level livelihood heterogeneity for additionality in a tropical forest payment for environmental services programme with an undifferentiated reward structure [J]. Global Environmental Change，2012，22（1）：127-136.

[8] EZZINE-DE-BLAS D，CORBERA E，LAPEYRE R. Payments for environmental services and motivation crowding：Towards a conceptual framework [J]. Ecological Economics，2019，156：434-443.

[9] FAUZI A，ANNA Z. The complexity of the institution of payment for environmental services：A case study of two Indonesian PES schemes [J]. Ecosystem Services，2013，6：54-63.

[10] CRANFORD M，MOURATO S. Community conservation and a two-stage approach to payments for ecosystem services [J]. Ecological Economics，2011，71（1）：89-98.

[11] FLETCHER R，BREITLING J. Market mechanism or subsidy in disguise?

Governing payment for environmental services in Costa Rica [J]. Geoforum, 2012, 43 (3): 402-411.

[12] LASBEL V D S I, MWANGI J K, NAMIREMBE S. Can payments for ecosystem services contribute to climate change? Insights from a watershed in Kenya [J]. Ecology and Society, 2014, 19 (1): 47.

[13] ROBALINO J, PFAFF A, SANCHEZ-AZOFEFIA G A, et al.. Deforestation impacts of environmental services payments: Costa Rica's PSA program 2000–2005 [J].Resources For the future, 2008.

[14] THU THUY P, CAMPBELL B M, GARNETT S. Lessons for pro-poor payments for environmental services: An analysis of projects in Vietnam [J]. Asia Pacific Journal of Public Administration, 2009, 31 (2): 117-133.

[15] OHL C, DRECHSLER M, JOHST K, et al. Compensation payments for habitat heterogeneity: Existence, efficiency, and fairness considerations [J]. Ecological Economics, 2008, 67 (2): 162-174.

[16] dA MOTTA R S, ORTIZ R A. Costs and perceptions conditioning willingness to accept payments for ecosystem services in a Brazilian case [J]. Ecological Economics, 2018, 147: 333-342.

[17] COSTANZA R, ARGE G R, GROOT R D, et al.. The value of the world's ecosystem services and natural capital [J]. Nature, 1997, 387 (6630): 253-260.

[18] ASQUITH N M, VARGAS M T, WUNDER S. Selling two environmental services: In-kind payments for bird habitat and watershed protection in Los Negros, Bolivia [J]. Ecological Economics, 2008, 65 (4): 675-684.

[19] DO T H, VU T P, NGUYEN VT, et al. Payment for forest environmental services in Vietnam: An analysis of buyers' perspectives and willingness [J]. Ecosystem Services, 2018, 32: 134-143.

[20] ZABEL A. Biodiversity-based payments on Swiss alpine pastures [J]. Land Use Policy, 2019, 81: 153-159.

[21] SCHIRPKE U, MARINO D, MARUCCI A, et al.. Positive effects of payments for ecosystem services on biodiversity and socio-economic development: Examples from Natura 2000 sites in Italy [J]. Ecosystem Services, 2018, 34: 96-105.

[22] HAYES T, MURTINHO F, WOLFF H. The impact of payments for environmental services on communal lands: An analysis of the factors

driving household land-use behavior in ecuador [J]. World Development, 2017, 93: 427-446.

[23] VAN HECKEN G, BASTIAENSEN J, VÁSQUEZ W F. The viability of local payments for watershed services: Empirical evidence from Matiguás, Nicaragua [J]. Ecological Economics, 2012, 74: 169-176.

[24] BARR R F, MOURATO S. Investigating fishers' preferences for the design of marine payments for environmental services schemes [J]. Ecological Economics, 2014, 108: 91-103.

[25] PAGIOLA S, ARCENAS A, PLATAIS G. Can payments for environmental services help reduce poverty? An exploration of the issues and the evidence to date from Latin America [J]. World Development, 2005, 33 (2): 237-253.

[26] PORRAS I T. Silver bullet or fools' gold: A global review of markets for forest environmental services and their impact on the poor [R]. London: International Institute for Environment and Development, 2002.

[27] DISWANDI D. A hybrid Coasean and Pigouvian approach to payment for ecosystem services program in West Lombok: Does it contribute to poverty alleviation? [J]. Ecosystem Services, 2017, 23 (2): 138-145.

[28] GÓMEZ-BAGGETHUN E, GROOT R D, Lomas P L, et al.. The history of ecosystem services in economic theory and practice: From early notions to markets and payment schemes[J]. Ecological Economics, 2010, 69 (6): 1209-1218.

[29] BIRCH J C, NEWTON A C, AQUINO C A, et al.. Cost-effectiveness of dryland forest restoration evaluated by spatial analysis of ecosystem services [J]. Proceedings of the National Academy of Sciences of the United States of America, 2010, 107 (50): 21925-21930.

[30] ACUA V, DÍEZ J R, FLORES L, et al.. Does it make economic sense to restore rivers for their ecosystem services? [J]. Journal of Applied Ecology, 2013, 50 (4): 988-997.

[31] PHAM V T, ROONGTAWANREONGSRI S, HO T Q, et al.. Can payments for forest environmental services help improve income and attitudes toward forest conservation? Household-level evaluation in the central highlands of Vietnam [J]. Forest Policy and Economics, 2021: 132.

[32] BROWNSON K, ANDERSON E P, FERREIRA S, et al.. Governance

of payments for ecosystem services influences social and environmental outcomes in Costa Rica［J］. Ecological Economics，2020，174：106659.

[33] SCHIRPKE U，MARINO D，MARUCCI A，et al.. Positive effects of payments for ecosystem services on biodiversity and socio-economic development：Examples from Natura 2000 sites in Italy［J］. Ecosystem Services，2018，34：96-105.

[34] OUYANG Z Y，HUA Z，YI X，et al.. Improvements in ecosystem services from investments in natural capital[J]. Science，2016，352（6292）：1455-1459.

[35] LI Y Z，SU B. The impacts of carbon pricing on coastal megacities：A CGE analysis of Singapore［J］. Journal of Cleaner Production，2017，165（1）：1239-1248.

[36] RIAHI K，VUUREN D P，KRIEGLER E，et al.. The shared socio-economic pathways and their energy，land use，and green-house gas emissions implications：An overview［J］. Global Environmental Change，2017，42：153-168.

[37] KRIEGLER E，EDMONDS J，HALLEGATTE S，et al.. A new scenario framework for climate change research：The concept of shared climate policy assumptions［J］. Climatic Change，2014，122（3）：401-414.

[38] KUBISZEWSKI I，COSTANZA R，ANDERSON S，et al.. The future value of ecosystem services：Global scenarios and national implications[J]. Ecosystem Services 2017，26：289-301.

[39] HUBER R，REBECCA S，FRANOIS M，et al..Interaction effects of targeted agri-environmental payments on non-marketed goods and services under climate change in a mountain region[J].Land Use Policy，2017，66：49-60.

[40] HARROD R. An essay in dynamic theory［J］. Economic Journal，1939，49（193）：14-33.

[41] DOMAR E D. Capital expansion，rate of growth，and employment［J］. Econometrica，1946，14（2）：137-147.

[42] SOLOW R M. A contribution to the theory of economic growth［J］. Quarterly Journal of Economics，1956，70（1）：65-94.

[43] SWAN T W. Economic growth and capital accumulation［J］. Economic Record，1956，32（2）：334-361.

[44] ROMER P M. Increasing returns and long-run growth［J］. Journal of Political Economy，1986，94（5）：1002-1037.

[45] LUCAS J R E. On the mechanics of economic development［J］. Journal of Monetary Economics，1988，22（1）：3-42.

[46] ROMER P M. Endogenous technological change［J］. Journal of Political Economy，1990，98（5）：71-102.

[47] BOVENBERG A L，SMULDERS S. Environmental quality and pollution-augmenting technological change in a two-sector endogenous growth model［J］. Journal of Public Economics，1995，57（3）：369-391.

[48] GROSSMAN G M，KRUEGER A B. Economic growth and the environment［J］. The Quarterly Journal of Economics，1995，110（2）：353-377.

[49] STOKEY N L. Are there limits to growth?［J］. International Economic Review，1998，39（1）：1-31.

[50] GREINER A. Fiscal policy in an endogenous growth model with public capital and pollution［J］. Japanese Economic Review，2005，56（1）：67–84.

[51] AZNAR-MARQUEZ J，RUIZ-TAMARIT J R. Environmental pollution，sustained growth，and sufficient conditions for sustainable development［J］. Economic Modelling，2016，54：439-449.

[52] BASTOLA U，SAPKOTA P. Relationships among energy consumption，pollution emission，and economic growth in Nepal［J］. Energy，2015，80：254-262.

[53] 陶建格. 生态补偿理论研究现状与进展［J］. 生态环境学报，2012，21（4）：786-792.

[54] 毛显强，钟瑜，张胜. 生态补偿的理论探讨［J］. 中国人口·资源与环境，2002，12（4）：38-41.

[55] 洪尚群，马丕京，郭慧光. 生态补偿制度的探索［J］. 环境科学与技术，2001，24（5）：40-43.

[56] 曹明德. 对建立生态补偿法律机制的再思考［J］. 中国地质大学学报（社会科学版），2010，10（5）：28-35.

[57] 孔凡斌. 退耕还林（草）工程生态补偿机制研究［J］. 林业科学，2007，43（1）：95-101.

[58] 韩洪云，喻永红. 退耕还林生态补偿研究：成本基础、接受意愿抑或生态价值标准［J］. 农业经济问题，2014，（4）：64-72.

[59] 刘子玥，王辉，霍璐阳，等. 松花江流域湿地保护生态补偿机制研究［J］. 湿地科学，2015，13（2）：202-206.
[60] 叶晗，朱立志. 内蒙古牧区草地生态补偿实践评析［J］. 草业科学，2014，31（8）：1587-1596.
[61] 张燕，王莎. 耕地生态补偿标准制定进路选择：基于耕地生态安全视角［J］.学习与实践，2017（2）：21-28.
[62] 乔旭宁，杨永菊，杨德刚，等. 流域生态补偿标准的确定：以渭干河流域为例［J］. 自然资源学报，2012（10）：1666-1676.
[63] 肖建红，王敏，于庆东，等. 基于生态足迹的大型水电工程建设生态补偿标准评价模型：以三峡工程为例［J］. 生态学报，2015，35（8）：2726-2740.
[64] 周晨，丁晓辉，李国平，等. 南水北调中线工程水源区生态补偿标准研究：以生态系统服务价值为视角［J］. 资源科学，2015，37（4）：792-804.
[65] 官冬杰，龚巧灵，刘慧敏，等. 重庆三峡库区生态补偿标准差别化模型构建及应用研究［J］. 环境科学学报，2016，36（11）：4218-4227.
[66] 周健，官冬杰，周李磊. 基于生态足迹的三峡库区重庆段后续发展生态补偿标准量化研究［J］. 环境科学学报，2018，38（11）：4539-4553.
[67] 王昌海，崔丽娟，毛旭锋，等. 湿地保护区周边农户生态补偿意愿比较［J］. 生态学报，2012，32（17）：5345-5354.
[68] 曲富国，孙宇飞. 基于政府间博弈的流域生态补偿机制研究［J］. 中国人口·资源与环境，2014，24（11）：83-88.
[69] 王晓丽. 论生态补偿模式的合理选择——以美国土地休耕计划的经验为视角［J］. 郑州轻工业学院学报（社会科学版），2012，（6）：69-72.
[70] 贾若祥，高国力. 地区间建立横向生态补偿制度研究［J］. 宏观经济研究，2015，（3）：13-23.
[71] 王军锋，侯超波. 中国流域生态补偿机制实施框架与补偿模式研究：基于补偿资金来源的视角［J］. 中国人口·资源与环境，2013，23（2）：23-29.
[72] 沈满洪，陆菁. 论生态保护补偿机制［J］. 浙江学刊，2004（4）：217-220.
[73] 廖文梅，童婷，彭泰中，等. 生态补偿政策与减贫效应研究：综述与展望［J］. 林业经济，2019，41（6）：97-103.
[74] 姚文秀，王继军. 退耕还林（草）工程对吴起县农村经济发展的影响［J］.

水土保持研究，2011，18（2）：71-74，79.
[75] 谢旭轩，马训舟，张世秋. 应用匹配倍差法评估退耕还林政策对农户收入的影响［J］. 北京大学学报（自然科学版），2011，47（4）：759-767.
[76] 张炜，薛建宏，张兴. 退耕还林政策对农户收入的影响及其作用机制［J］. 农村经济，2019（6）：130-136.
[77] 李国平，石涵予. 退耕还林生态补偿与县域经济增长的关系分析：基于拉姆塞-卡斯-库普曼宏观增长模型［J］. 资源科学，2017，39（9）：1712-1724.
[78] 张晖，吴霜，张燕媛，等. 流域生态补偿政策对受偿地区经济增长的影响研究：以安徽省黄山市为例［J］. 长江流域资源与环境，2019，28（12）：2848-2856.
[79] 杨丽，傅春. 生态补偿对地区经济发展影响分析：基于内生增长模型［J］. 科技通报，2018，34（3）：254-258.
[80] 肖春梅，何伟. 国家重点生态功能区生态补偿额度测算与仿真研究：以新疆阿勒泰地区为例［J］. 新疆财经，2018（6）：51-63.
[81] 胡赛. 基于土地利用变化的生态系统服务价值及生态补偿标准研究［D］. 中国矿业大学，2020.
[82] 严婉玉. 基于生态系统服务偏好的多情景耕地生态补偿［D］. 中南财经政法大学，2020.
[83] 张悦. 生态补偿框架的构建及其基于多主体的仿真研究［D］. 北京科技大学，2018.
[84] 胡怀国. 内生增长理论的产生、发展与争论［J］. 宁夏社会科学，2003（2）：24-30.
[85] 杨建芳，龚六堂，张庆华. 人力资本形成及其对经济增长的影响：一个包含教育和健康投入的内生增长模型及其检验［J］. 管理世界，2006（5）：10-18，34.
[86] 彭水军，包群. 环境污染、内生增长与经济可持续发展［J］. 数量经济技术经济研究，2006（9）：114-126，140.
[87] 李仕兵，赵定涛. 环境污染约束条件下经济可持续发展内生增长模型［J］. 预测，2008，27（1）：72-76.
[88] 黄菁. 环境污染与内生经济增长：模型与中国的实证检验［J］. 山西财经大学学报，2010，32（6）：15-22.
[89] 何正霞，许士春. 考虑污染控制、技术进步和人力资本积累下的经济可持续增长［J］. 数学的实践与认识，2011，41（18）：1-8.

[90] 郭莲丽，郭立宏，李建勋，等. 可持续发展条件下的环境污染约束分析［J］. 科技管理研究，2013（21）：200-205.

[91] 黄茂兴，林寿富. 污染损害、环境管理与经济可持续增长：基于五部门内生经济增长模型的分析［J］. 经济研究，2013（12）：30-41.

[92] 曾望军. 污染物排放强度与我国经济增长：基于内生增长模型的研究［J］. 湖南大学学报（社会科学版），2016，30（3）：94-100.

[93] 贺俊，刘啟明，唐述毅. 环境污染治理投入与环境污染：基于内生增长的理论与实证研究［J］. 大连理工大学学报（社会科学版），2016，37（3）：12-18.

[94] 杜雯翠，江河.《长江经济带生态环境保护规划》内涵与实质分析［J］. 环境保护，2017，45（17）：51-56.

[95] RAPPORT D J. What constitutes ecosystem health?［J］. Perspectives in Biology and Medicine，1989，33：120-132.

[96] SCHAEFFER D J，HENRICKS E E，KERSTER H W. Ecosystem health：Measuring ecosystem health［J］. Environmental Management，1998，12：445-455.

[97] SPIEGEL J M，BONET M，YASSI A，et al. Developing Ecosystem Health Indicators in Centro Habana：A Community - based Approach［J］. Ecosystem Health，2001，7（1）：15-26.

[98] SILOW E A，MOKRY A V. Exergy as a Tool for Ecosystem Health Assessment［J］. Entropy，2010，12（4）：902-925.

[99] 彭建，王仰麟，吴健生，等. 区域生态系统健康评价：研究方法与进展［J］. 生态学报，2007，27（11）：4877-4885.

[100] 杨青，逯承鹏，周锋，等. 基于能值-生态足迹模型的东北老工业基地生态安全评价：以辽宁省为例［J］. 应用生态学报，2016，27（5）：1594-1602.

[101] 杜鹏，徐中民. 甘肃生态经济系统的能值分析及其可持续性评估［J］. 地球科学进展，2006，21（9）：982-988.

[102] 吴超，胡小东. 基于能值理论的重庆市生态承载力现状研究［J］. 西南大学学报（自然科学版），2010，32（4）：26-30.

[103] 贺成龙. 三峡工程的能值足迹与生态承载力［J］. 自然资源学报，2017，32（2）：329-341.

[104] 宁立新，马兰，周云凯，等. 基于PSR模型的江苏海岸带生态系统健康时空变化研究［J］. 中国环境科学，2016，36（2）：534-543.

[105]牛明香，王俊，徐宾铎. 基于PSR的黄河河口区生态系统健康评价［J］. 生态学报，2017，37（3）：943-952.

[106]李志鹏，杜震洪，张丰，等. 基于GIS的浙北近海海域生态系统健康评价［J］. 生态学报，2016，36（24）：8183-8193.

[107]叶达，吴克宁，刘霈珈. 基于正态云模型与熵权法的景泰县耕地后备资源开发潜力评价［J］. 中国农业资源与区划，2016，37（6）：22-28.

[108]黄木易，何翔. 基于云模型与熵权法的安徽省土地生态安全评价研究［J］. 土壤，2016，48（5）：1049-1054.

[109]周启刚，张晓媛，王兆林. 基于正态云模型的三峡库区土地利用生态风险评价［J］. 农业工程学报，2014，30（23）：289-297.

[110]曹鑫，官冬杰，贺光秀，等. 长江经济带生态系统健康正态云模型构建及其诊断［J］. 水土保持通报，2021，41（5）：206-217.

[111]许丽丽，李宝林，袁烨城，等. 基于生态系统服务价值评估的我国集中连片重点贫困区生态补偿研究［J］. 地球信息科学学报，2016，18（3）：286-297.

[112]田义超，白晓永，黄远林，等. 基于生态系统服务价值的赤水河流域生态补偿标准核算［J］. 农业机械学报. 2019，50（11）312-322.

[113]赖敏，吴绍洪，戴尔阜，等. 生态建设背景下三江源自然保护区生态系统服务价值变化［J］. 山地学报，2013（1）：8-17.

[114]李克让，王绍强，曹明奎. 中国植被和土壤碳贮量［J］. 中国科学（D辑：地球科学）2003，33（001）：72-80.

[115]BUDYKO M I. Climate and Life［M］. New York：Academic Press，1974.

[116]蔡崇法，丁树文，史志华，等. 应用USLE模型与地理信息系统IDRISI预测小流域土壤侵蚀量的研究［J］. 水土保持学报，2000，14（2）：19-24.

[117]蒋中一. 动态最优化基础［M］. 北京：中国人民大学出版社，2015.

[118]王成，唐宁. 重庆市乡村三生空间功能耦合协调的时空特征与格局演化［J］. 地理研究，2018，37（6）：1100-1114.

[119]邢霞，修长百，刘玉春. 黄河流域水资源利用效率与经济发展的耦合协调关系研究［J］. 软科学，2020，34（8）：44-50.

[120]任祁荣，于恩逸. 甘肃省生态环境与社会经济系统协调发展的耦合分析［J］. 生态学报，2021，41（8）：2944-2953.

[121]张国俊，王珏晗，吴坤津，等. 中国三大城市群经济与环境协调度时空特征及影响因素［J］. 地理研究，2020，39（2）：272-288.

[122]郭静静. 中国省域生态环境与经济发展耦合关系研究［D］. 北京林业大学，2016.

[123]姜磊，周海峰，柏玲. 长江中游城市群经济-城市-社会-环境耦合度空间差异分析［J］. 长江流域资源与环境，2017，26（5）：649-656.

[124]何宜庆，王希祖，周依仿，等. 长江经济带金融集聚、经济增长与生态效率耦合协调实证分析［J］. 金融与经济，2015（9）：13-19.

[125]何如海，李青松，陆雅雯，等. 城市土地利用经济效益与生态环境效益耦合协调度研究：基于安徽省 16 个地级市 2007—2017 年的面板数据［J］. 长春理工大学学报（社会科学版），2020，33（1）：122-128.

[126]代碧波，陈晓菲. 粮食主产区农业现代化与新型城镇化的耦合协调度测算［J］. 统计与决策，2020，36（9）：104-108.

[127]李建新，梁曼，钟业喜. 长江经济带经济与环境协调发展的时空格局及问题区域识别［J］. 长江流域资源与环境，2020，29（12）：2584-2596.

[128]张军，吴桂英，张吉鹏. 中国省际物质资本存量估算：1952—2000［J］. 经济研究，2004（10）：35-44.

[129]焦斌龙，焦志明. 中国人力资本存量估算：1978—2007［J］. 经济学家，2010（9）：27-33.

[130]彭国华. 中国地区收入差距、全要素生产率及其收敛分析［J］. 经济研究，2005（9）：19-29.

[131]杜两省，彭竞. 教育回报率的城市差异研究［J］. 中国人口科学，2010（5）：85-94，112.

[132]刘建翠，郑世林，汪亚楠. 中国研发（R&D）资本存量估计：1978-2012［J］. 经济与管理研究，2015，36（2）：18-25.

[133]沈晓艳，王广洪，黄贤金. 1997—2013 年中国绿色GDP核算及时空格局研究［J］. 自然资源学报，2017，32（10）：1639-1650.

[134]Guan D，Gao W，Su W，et al.. Modeling and dynamic assessment of urban economy–resource–environment system with a coupled system dynamics–geographic information system model［J］. Ecological Indicators，2011，11（5）：1333-1344.

[135]庄国泰，高鹏，王学军. 中国生态环境补偿费的理论与实践［J］. 中国环境科学，1995，15（6）：413-418.

[136]马寅. 对我国生态补偿机制存在问题的探讨及对策研究［J］. 东方企业文化，2010（18）：264-265.

[137]燕守广. 关于生态补偿概念的思考［J］. 环境与可持续发展，2009，34

（3）：33-36.
[138]罗万云. 干旱内陆河流域生态资本补偿问题研究：以甘肃省石羊河流域为例［D］. 兰州大学，2019.
[139]HOROWITZ J K，MCCONNELL K E.A review of WTA/WTP studies［J］. Working Papers，2002，44（3）：426-447.
[140]范芳玉. 基于生态服务价值及支付意愿的生态补偿标准研究：以大汶河流域为例［D］. 山东农业大学，2013.
[141]李晓光，苗鸿，郑华，等. 生态补偿标准确定的主要方法及其应用［J］. 生态学报，2009，29（8）：4431-4440.
[142]段靖，严岩，王丹寅，等. 流域生态补偿标准中成本核算的原理分析与方法改进［J］. 生态学报，2010，30（1）：221-227.
[143]赵旭，杨志峰，徐琳瑜. 饮用水源保护区生态服务补偿研究与应用［J］. 生态学报，2008，28（7）：3152-3159.
[144]杨彬如，李全新. 耕地保护补偿标准研究：以甘肃省为例［J］. 中国农业资源与区划，2018，39（11）：77-83.
[145]张治会，李全新. 基于机会成本损失的区际地方政府耕地保护补偿研究：以安徽省各市域为例［J］. 管理现代化，2017，37（1）：33-35.
[146]巩芳，长青，王芳，等. 内蒙古草原生态补偿标准的实证研究［J］. 干旱区资源与环境，2011，25（12）：151-155.
[147]吕明权，王继军，周伟. 基于最小数据方法的滦河流域生态补偿研究［J］. 资源科学，2012，34（1）：166-172.
[148]赵文武，刘月，冯强，等. 人地系统耦合框架下的生态系统服务［J］. 地理科学进展，2018，37（1）：139-151.
[149]郝海广，勾蒙蒙，张惠远，等. 基于生态系统服务和农户福祉的生态补偿效果评估研究进展［J］. 生态学报，2018，38（19）：6810-6817.
[150]刘秀丽，张勃，郑庆荣，等. 黄土高原土石山区退耕还林对农户福祉的影响研究：以宁武县为例［J］. 资源科学，2014，36（2）：397-405.
[151]潘华，周小凤. 长江流域横向生态补偿准市场化路径研究：基于国土治理与产权视角［J］. 生态经济，2018，34（9）：179-184.